普通高等教育“新工科”系列精品教材

智能制造领域

工程制图及CAD习题集

胡建生　刘胜永　主编
田婷婷　付正江　参编
史彦敏　主审

化学工业出版社
·北京·

内容简介

本书与胡建生主编的《工程制图及CAD》教材配套使用。本书全面采用最新国家标准。根据教学需求，本书设计了三种习题答案：教师备课用习题答案（PDF格式）；教师讲解用习题答案（分为单独答案、包含解题步骤的答案、配置264个三维实体模型、轴测图、动画演示等多种形式）；学生用习题答案（每道习题均给出了单独的答案并对应一个二维码，配置422个由教师掌控的二维码，教师按照教学实际可将二维码转发给学生）。

本书可作为高等院校智能制造类专业的制图课教材，亦可供高职本科、高职专科的相近专业使用或参考。

图书在版编目（CIP）数据

工程制图及CAD习题集 / 胡建生，刘胜永主编.
北京：化学工业出版社，2025. 3. --（普通高等教育"新工科"系列精品教材）. -- ISBN 978-7-122-47615-9

Ⅰ. TB237-44

中国国家版本馆CIP数据核字第2025TA2552号

责任编辑：葛瑞祎　刘　哲　　文字编辑：杨　琪
责任校对：宋　夏　　装帧设计：张　辉

出版发行：化学工业出版社（北京市东城区青年湖南街13号　邮政编码100011）
印　　装：北京云浩印刷有限责任公司
787mm×1092mm　1/8　印张11¾　字数288千字　2025年6月北京第1版第1次印刷

购书咨询：010-64518888　　售后服务：010-64518899
网　　址：http://www.cip.com.cn
凡购买本书，如有缺损质量问题，本社销售中心负责调换。

定　　价：39.00元

前　　言

本书是胡建生主编的《工程制图及CAD》的配套教材，可作为高等院校智能制造类专业的制图课教材，亦可供高职本科、高职专科的相近专业使用或参考。

本书具备如下特点：

（1）教材内容与制图课在培养人才中的作用、地位相适应。教材体系的确立和教学内容的选取，与智能制造相关专业的培养目标和毕业生应具有的基础理论相适应。内容简明易懂篇幅适当，重点内容紧密联系工程实际，强化应用性、实用性技能的训练；突出读图能力和软件应用设计能力的培养，具有较强的实用性、可读性。

（2）全面贯彻制图国家标准。《技术制图》和《机械制图》国家标准是制图教学内容的根本依据。本书全面贯彻现行的制图国家标准，充分体现了内容的先进性。

（3）插图中的各种线型、符号画法、字体等严格按照国家标准的规定绘制；所有插图全部认真处理，以确保图例规范、清晰，提高了教材的版面质量。

（4）本书设计了三种习题答案：

① **教师备课用习题答案**。部分习题的答案不是唯一的。根据教学需求，为任课教师编写了PDF格式的教学参考资料，即包含所有题目的“习题答案”，以方便教师备课。

② **教师讲解用习题答案**。根据不同题型，将每道题的答案，分成单独答案、包含解题步骤的答案、附加配置264个三维实体模型、轴测图等多种形式，教师可任意打开某道题，结合三维模型进行讲解、答疑。

③ **学生用习题答案**。习题集中440余道习题均给出了单独的答案并对应一个二维码，422个二维码由教师掌控。任课教师根据教学的实际状况，可随时选择某道题的二维码发送给任课班级的群或某个学生，学生通过扫描二维码，即可看到解题步骤或答案。

（5）本套教材配置了“（本科智造）工程制图及CAD教学软件”，包含PDF格式的“习题答案”和所有习题答案的二维码。教学软件是按照讲课思路为任课教师设计的，其中的内容与教材无缝对接，完全可以取代教学模型和挂图，彻底摒弃黑板、粉笔等传统的教学工具。教学软件具备以下主要功能：

① **“死图”变“活图”**。将本书中的平面图形，按1∶1的比例建立精确的三维实体模型。通过eDrawings公共平台，可实现对三维实体模型不同角度的观看，六个基本视图和轴测图之间的转换，三维实体模型的剖切，三维实体模型和线条图之间的转换，装配体的爆炸、装配、运动仿真、透明显示等功能，将书中的“死图”变成了可由教师控制的“活图”。

② **调用绘图软件边讲边画，实现师生互动**。对教材中需要讲解的例题，已预先链接在教学软件中，任课教师可根据自己的实际情况，通过教学软件边讲、边画，进行正确与错误的对比分析等，彻底摆脱画板图的烦恼。

③ **讲解习题**。将《工程制图及CAD习题集》中的所有答案，按照不同题型，处理成单独结果、包含解题步骤、增配轴测图、配置三维实体模型等多种形式，方便教师在课堂上任选某道题进行讲解、答疑，减轻任课教师的教学负担。

④ **调阅本书附录**。将本书中需查表的附录逐项分解，分别链接在教学软件的相关部位，任课教师可直观地带领学生查阅本书附录。

所有配套资源都在“（本科智造）工程制图及CAD教学软件”压缩文件包内。凡使用本书作为教材的教师，请加责任编辑QQ：455590372，然后加入化工制图QQ群，从群文件中可免费下载相关资源。

参加本书编写的有：胡建生（编写第一章、第二章、第三章、第四章、第五章），田婷婷（编写第六章、第七章），付正江（编写第八章、第九章），刘胜永（编写第十章、第十一章）。全书由胡建生教授统稿。“（本科智造）工程制图及CAD教学软件”由胡建生、刘胜永、田婷婷、付正江设计制作。

本书由史彦敏教授主审。参加审稿的还有陈清胜教授、汪正俊副教授。参加审稿的各位老师对书稿进行了认真、细致的审查，提出了许多宝贵意见和修改建议，在此表示衷心感谢。

欢迎广大读者特别是任课教师提出意见或建议，并及时反馈给我们（主编QQ：1075185975）。

编　者

目 录

第一章　制图的基本知识和技能

1-1　填空选择题

班级　　　　姓名　　　　学号

1-1-1　填空题。

（1）将A0幅面的图纸裁切三次，应得到（　　）张图纸，其幅面代号为（　　）。

（2）要获得A4幅面的图纸，需将A0幅面的图纸裁切（　　）次，可得到（　　）张图纸。

（3）A4幅面的尺寸（$B \times L$）是（　　×　　）；A3幅面的尺寸（$B \times L$）是（　　×　　）。

（4）用放大一倍的比例绘图，在标题栏的“比例”栏中应填写（　　）。

（5）1∶2是放大比例还是缩小比例？（　　　　）

（6）若采用1∶5的比例绘制一个直径为ϕ40mm的圆时，其绘图直径为（　　）mm。

（7）国家标准规定，图样中汉字应写成（　　　　）体，汉字字宽约为字高h的（　　）倍。

（8）字体的号数，即字体的（　　　）。“4”号是国家标准规定的字高吗？（　　　）

（9）国家标准规定，可见轮廓线用（　　　　）表示；不可见轮廓线用（　　　　）表示。

（10）在机械图样中，粗线和细线的线宽比例为（　　）。

（11）在机械图样中一般采用（　　　）作为尺寸线的终端。

（12）机械图样中的角度尺寸一律（　　　）方向注写。

1-1-2　选择题。

（1）制图国家标准规定，图纸幅面尺寸应优先选用（　）种基本幅面尺寸。

A. 3　　B. 4　　C. 5　　D. 6

（2）制图国家标准规定，必要时图纸幅面尺寸可以沿（　）边加长。

A. 长　　B. 短　　C. 斜　　D. 各

（3）某产品用放大一倍的比例绘图，在其标题栏“比例”栏中应填（　）。

A. 放大一倍　　B. 1×2　　C. 2/1　　D. 2∶1

（4）绘制机械图样时，应采用机械制图国家标准规定的（　）种图线。

A. 7　　B. 8　　C. 9　　D. 10

（5）机械图样中常用的图线线型有粗实线、（　）、细虚线、点画线等。

A. 轮廓线　　B. 边框线　　C. 细实线　　D. 轨迹线

（6）在绘制图样时，其断裂处的分界线，一般采用国家标准规定的（　）线绘制。

A. 细实　　B. 波浪　　C. 细点画　　D. 细双点画

1-1-3　选择题。

（1）制图国家标准规定，字体高度的公称尺寸系列共分为（　）种。

A. 5　　B. 6　　C. 7　　D. 8

（2）制图国家标准规定，字体的号数，即字体的高度，单位为（　）米。

A. 分　　B. 厘　　C. 毫　　D. 微

（3）制图国家标准规定，字体高度的公称尺寸系列为1.8、2.5、3.5、5、（　）、10、14、20。

A. 6　　B. 7　　C. 8　　D. 9

（4）制图国家标准规定，汉字要书写更大的字，字高应按（　）比率递增。

A. 3　　B. 2　　C. $\sqrt{3}$　　D. $\sqrt{2}$

（5）图样中数字和字母分为（　）两种字型。

A. 大写和小写　　B. 简体和繁体　　C. A型和B型　　D. 中文和英文

（6）制图国家标准规定，字母写成斜体时，字头向右倾斜，与水平基准成（　）。

A. 60°　　B. 75°　　C. 120°　　D. 135°

1-1-4　选择题。

（1）零件的每一尺寸，一般只标注（　），并应注在反映该结构最清晰的图形上。

A. 一次　　B. 二次　　C. 三次　　D. 四次

（2）机械零件的真实大小应以图样上（　）为依据，与图形的大小及绘图的准确度无关。

A. 所注尺寸数值　　B. 所画图样形状　　C. 所标绘图比例　　D. 所加文字说明

（3）机械图样上所注的尺寸，为该图样所示零件的（　），否则应另加说明。

A. 留有加工余量尺寸　　B. 最后完工尺寸　　C. 加工参考尺寸　　D. 有关测量尺寸

（4）标注圆的直径尺寸时，一般（　）应通过圆心，箭头指到圆弧上。

A. 尺寸线　　B. 尺寸界线　　C. 尺寸数字　　D. 尺寸箭头

（5）标注（　）尺寸时，应在尺寸数字前加注直径符号ϕ。

A. 圆的半径　　B. 圆的直径　　C. 圆球的半径　　D. 圆球的直径

（6）1毫米等于（　　　）。

A. 100丝米　　B. 100忽米　　C. 100微米　　D. 1000微米

1-2 尺规图作业——线型练习

№1 作业指导书

一、目的

（1）熟悉主要线型的规格，掌握图框及标题栏的画法。

（2）练习使用绘图工具。

二、内容与要求

（1）按教师指定的图例，抄画图形。

（2）用 A4 图纸，竖放，不注尺寸，比例为 1∶1。

三、作图步骤

（1）画底稿（用 2H 或 3H 铅笔）。

①画图框及对中符号。

②在右下角画标题栏（见教材图 1-4）。

③按图例中所注的尺寸，开始作图。

④校对底稿，擦去多余的图线。

（2）铅笔加深（用 HB 或 B 铅笔）。

①画粗实线圆、细虚线圆和细点画线圆。

②依次画出水平方向和垂直方向的直线。

③画 45°的斜线，斜线间隔约 3mm（目测）。本习题集文字叙述和图例中的尺寸单位均为毫米。

④用长仿宋体字填写标题栏（参见右图）。

四、注意事项

（1）绘图前，预先考虑图例所占的面积，将其布置在图纸有效幅面（标题栏以上）的中心区域。

（2）粗实线宽度采用 0.7mm。细虚线每一小段长度约为 3～4mm，间隙约为 1mm；细点画线每段长度约为 15～20mm，间隙及作为点的短画共约为 3mm；细虚线和细点画线的线段与间隔，在画底稿时就应正确画出。

（3）箭头的尾部宽约为 0.7mm，箭头长度约为 4mm。

（4）加深时，圆规的铅芯应比画直线的铅笔软一号。

五、图例（下方）

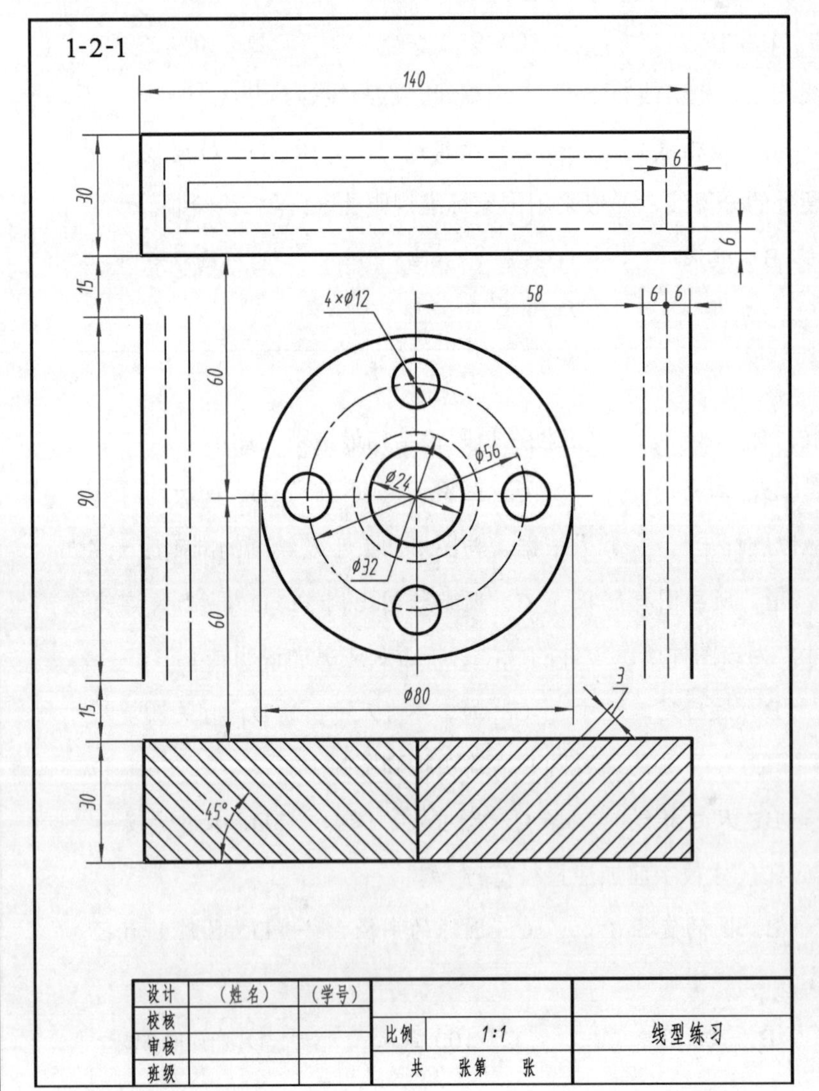

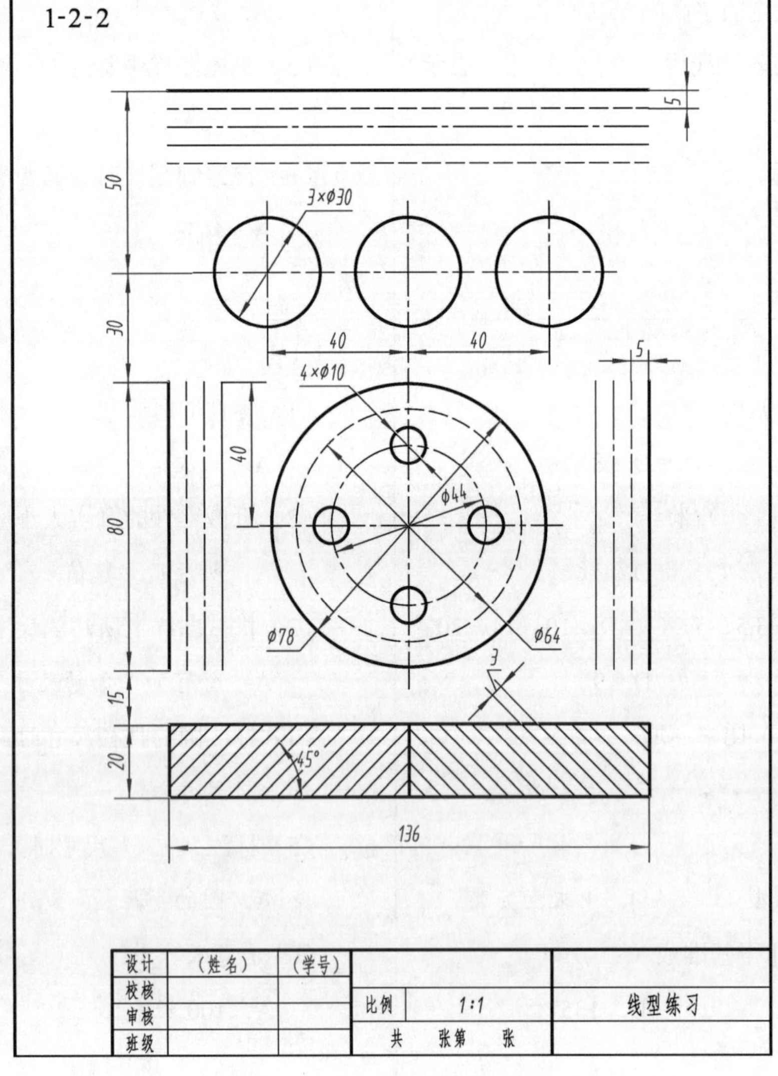

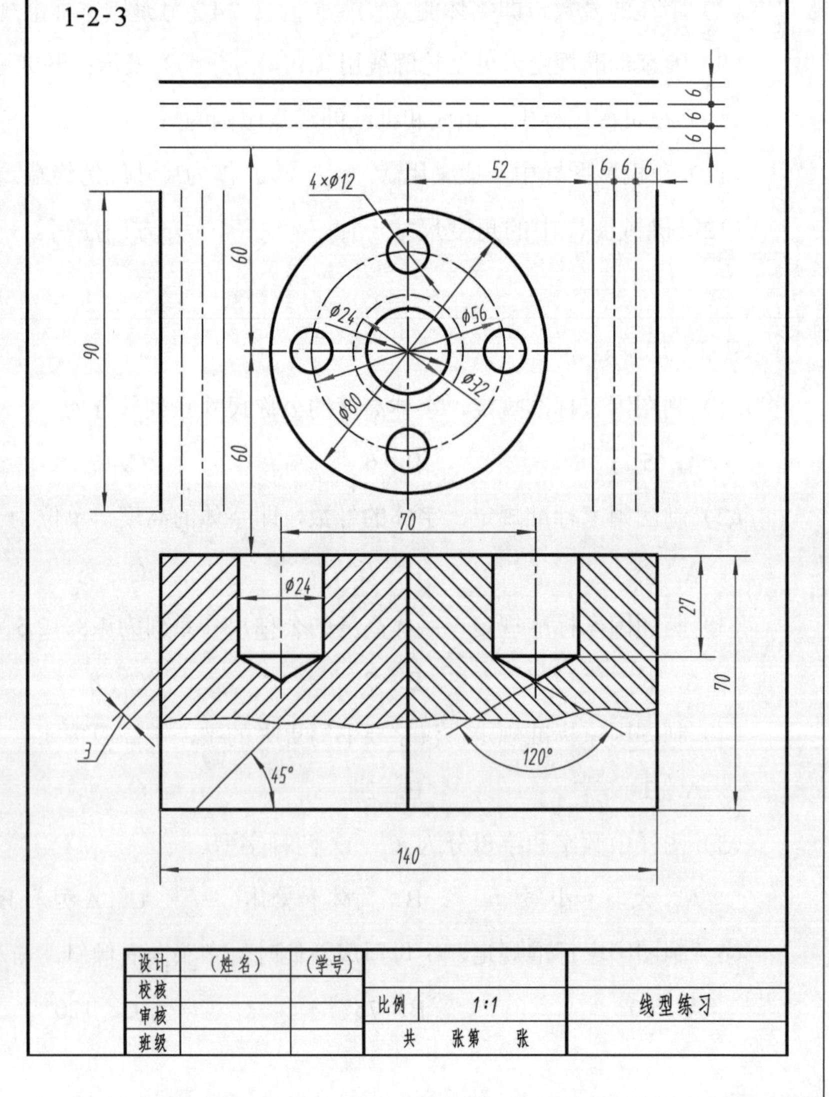

1-3-1　双折线的几种画法中，哪一种是国际上通用且为我国现行标准所采用的画法（在题号上画“√”）。

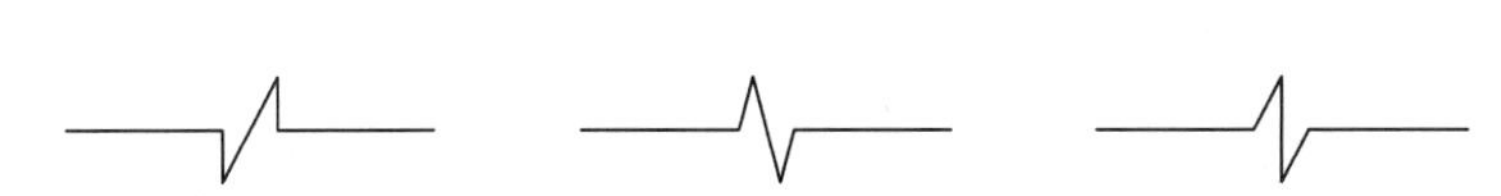

A　　　　B　　　　C

1-3-2　下列尺寸 20 的标注哪个是正确的？（在题号上画“√”）。

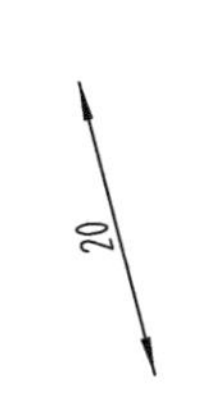

A　　　　B　　　　C　　　　D

1-3-3　下面哪个图的尺寸标注是符合标准规定的？（在题号上画“√”）。

A　　　　B　　　　C　　　　D

1-3-4　下列图形绘图比例不同，判断其尺寸标注是否正确（在正确的题号上画“√”）。

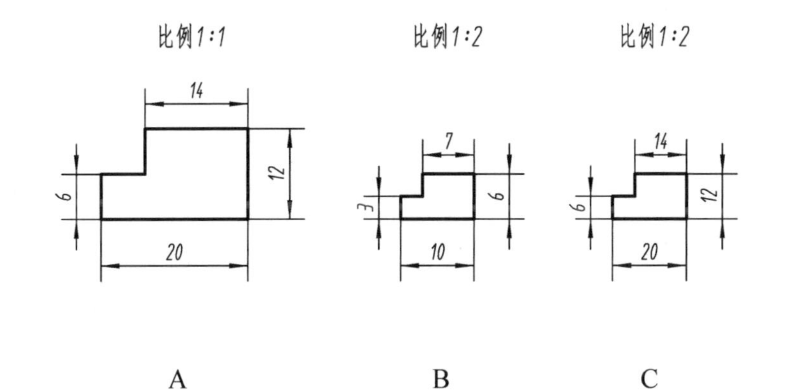

A　　　　B　　　　C

1-3-5　下列图形绘图比例相同，用尺量一量，判断哪个尺寸标注正确（在正确的题号上画“√”）。

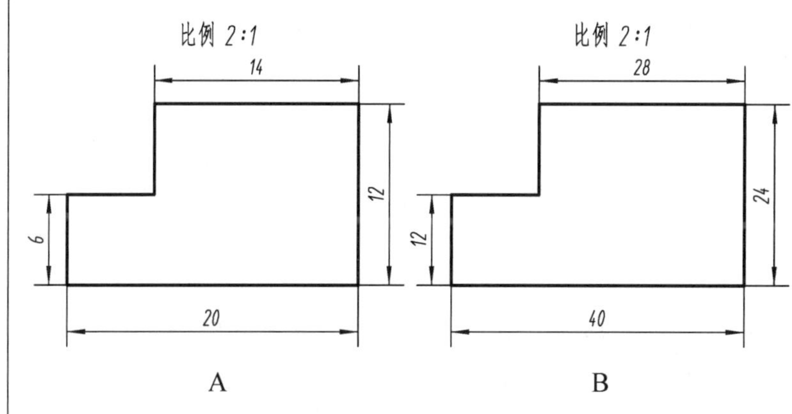

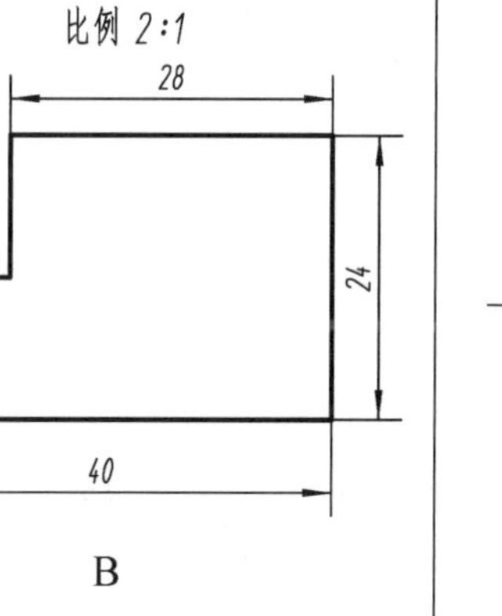

A　　　　B

1-3-6　图中的哪个尺寸标注是正确的？（在题号上画“√”）。

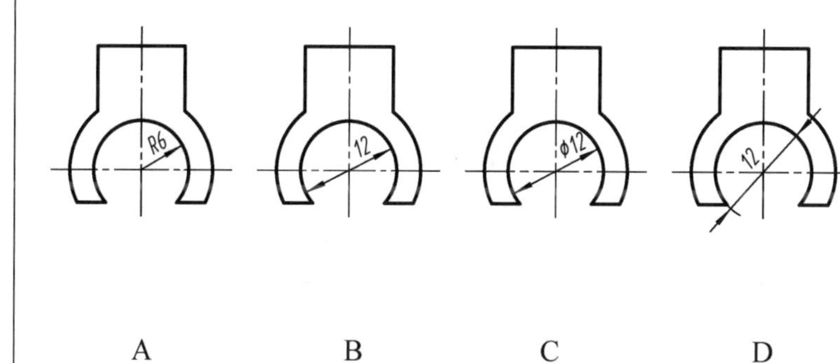

A　　　　B　　　　C　　　　D

1-3-7　下列两图尺寸标注哪一个是错误的？（在题号上画“×”，并指出错误原因）。

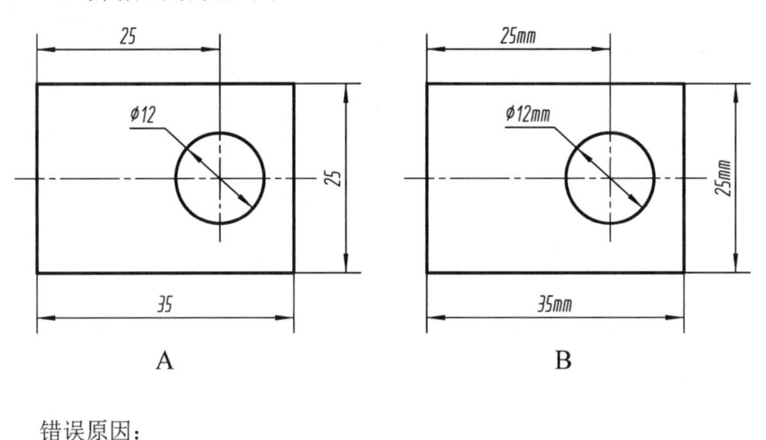

A　　　　B

错误原因：______________________

1-3-8　下列两图尺寸标注哪一个是错误的？指出错误原因。

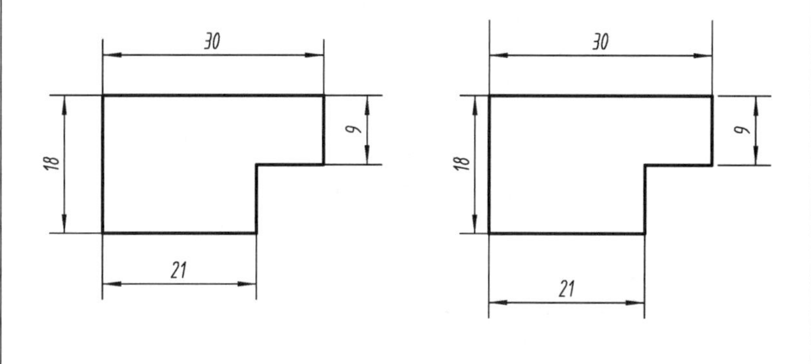

① 尺寸界线画的过长。　② 尺寸界线未与轮廓线接触。
③ 尺寸线与轮廓线距离过大。　④ 尺寸线与轮廓线距离过小。

1-3-9　根据标题栏的方位和看图方向的规定，判断下列图幅哪种格式是正确的(在字母符号上画√)。

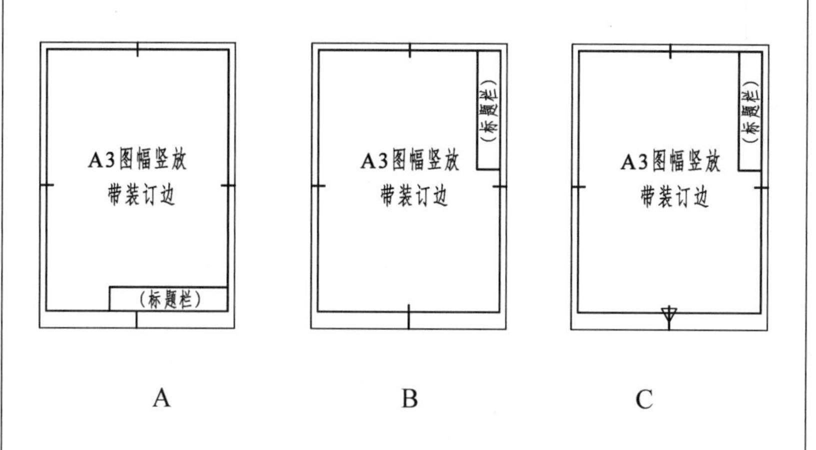

A　　　　B　　　　C

1-4-1-1　根据标题栏的方位和看图方向的规定，判断下列图幅哪种格式是正确的(在字母符号上画“√”)。

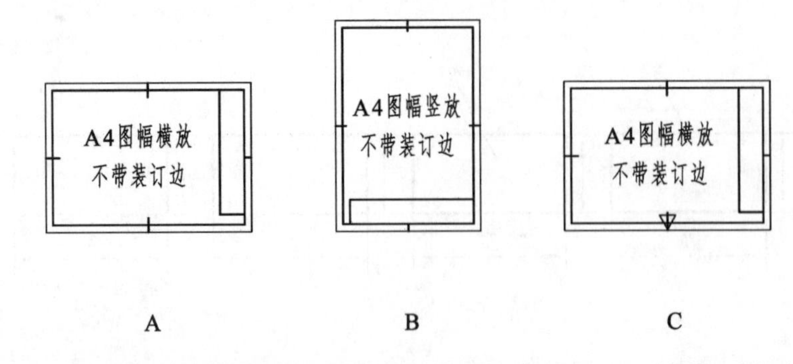

1-4-1-2　根据标题栏的方位和看图方向的规定，判断下列图幅哪种格式是正确的(在字母符号上画“√”)。

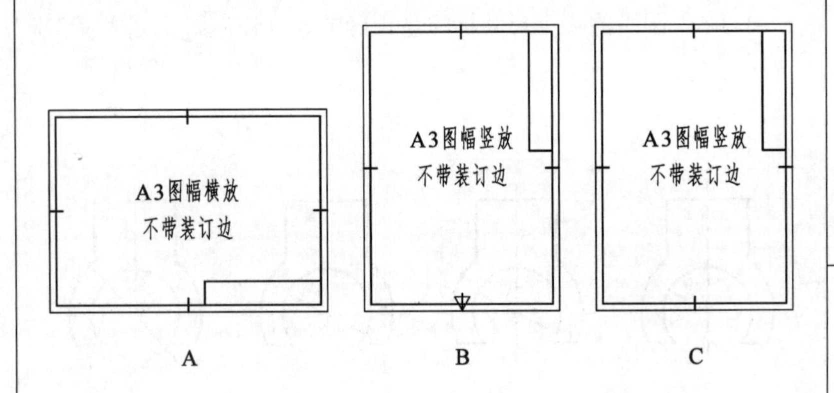

1-4-1-3　按国家标准规定，注出幅面尺寸、装订边宽度和留边宽度。

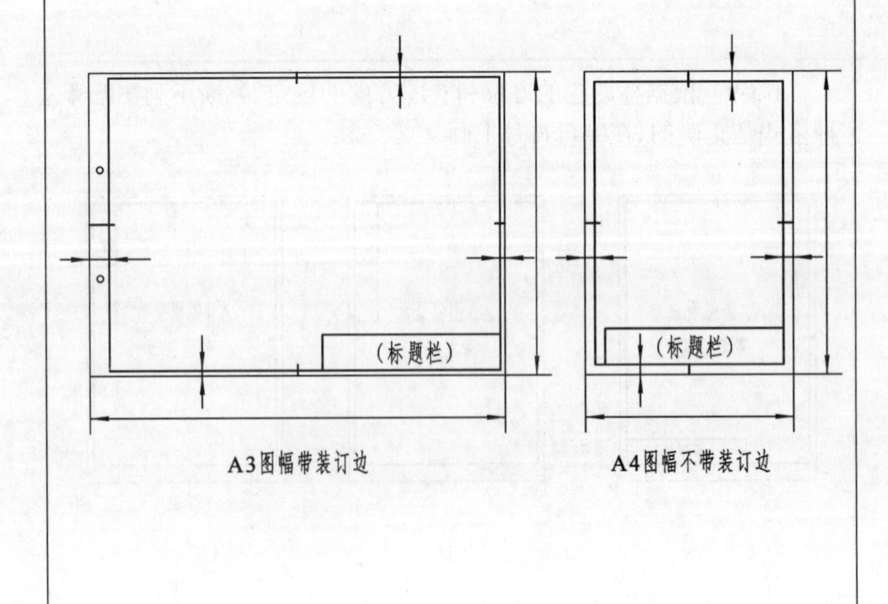

1-4-2　判断角度标注是否正确（正确的在题号上画“√”，在错误的部位画“○”)。

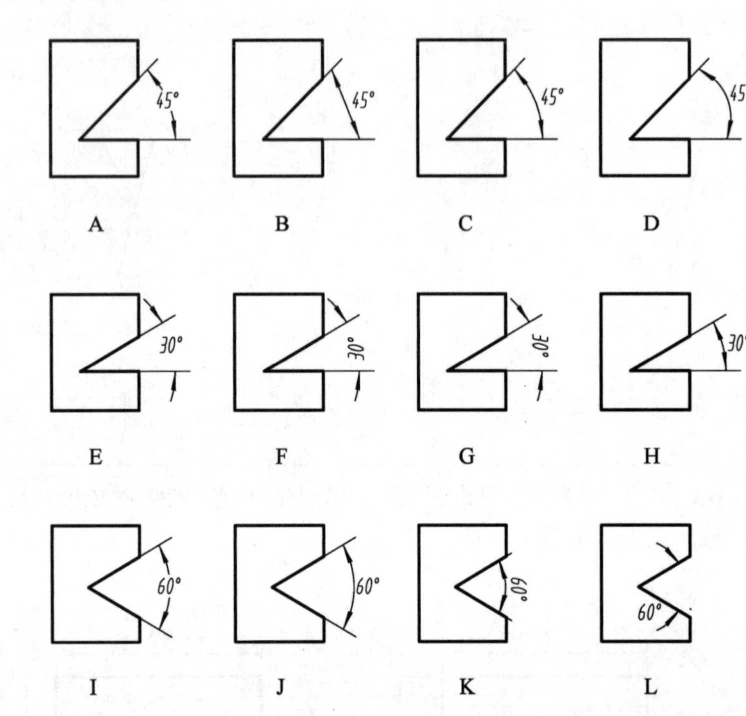

1-4-3　按1∶1的比例标注直径或半径尺寸，尺寸数值从图中量取整数。

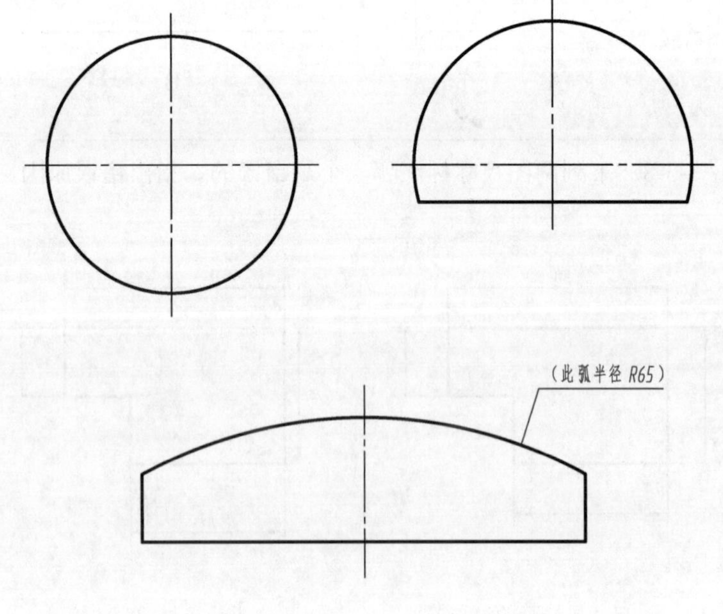

1-4-4　判断半径标注是否正确（正确的在题号上画“√”，在错误的部位画“○”)。

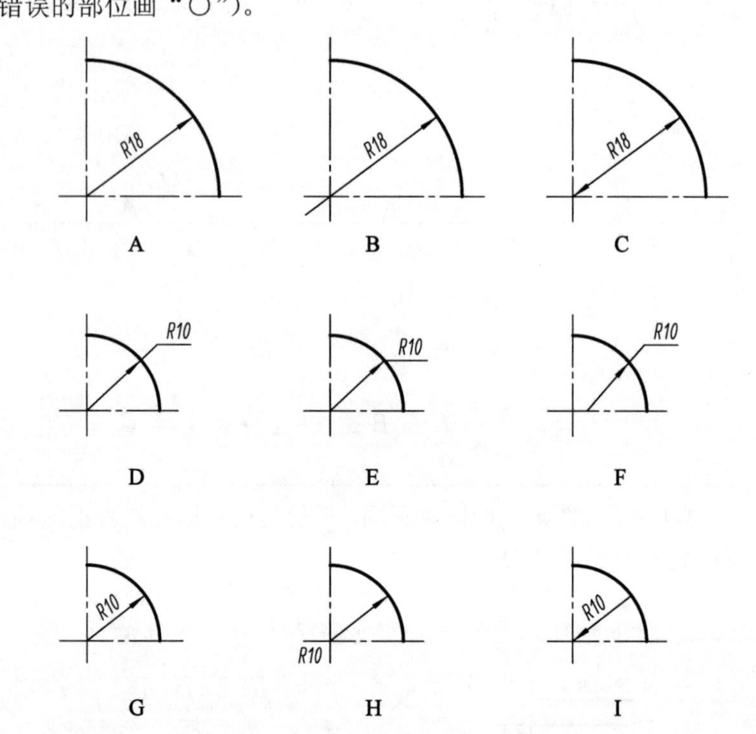

1-4-5　按1∶1的比例标注径向尺寸或线性尺寸，尺寸数值从图中量取整数。

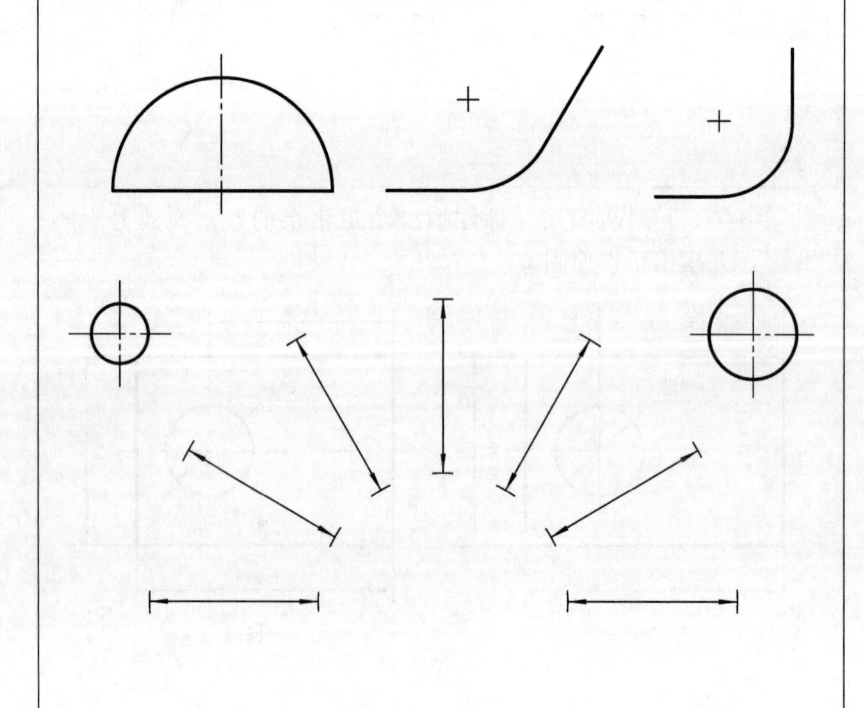

1-5-1 按 1∶1 的比例标注尺寸，尺寸数值从图中量取整数。

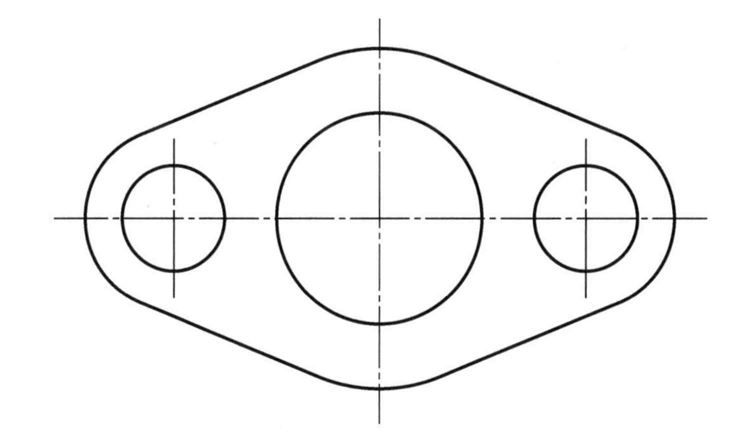

1-5-2 按 1∶1 的比例标注尺寸，尺寸数值从图中量取整数。

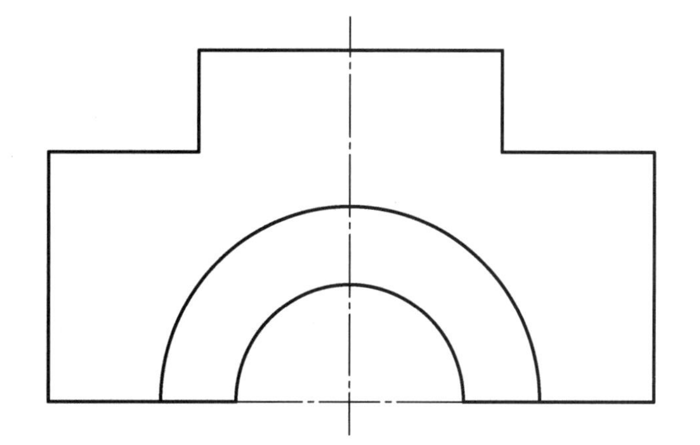

1-5-3 按 1∶1 的比例标注尺寸，尺寸数值从图中量取整数。

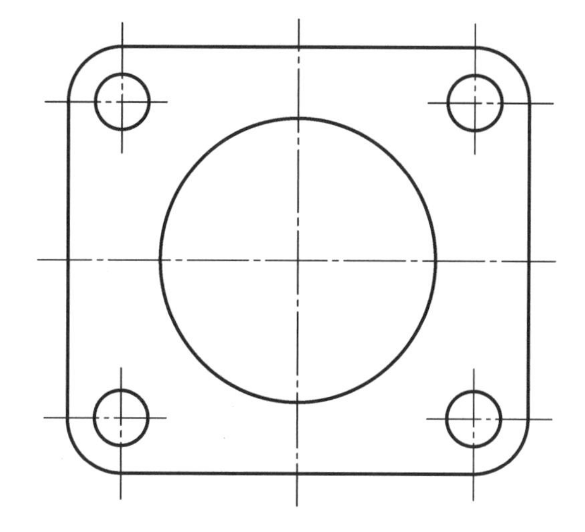

1-5-4 按 1∶1 的比例标注尺寸，尺寸数值从图中量取整数。

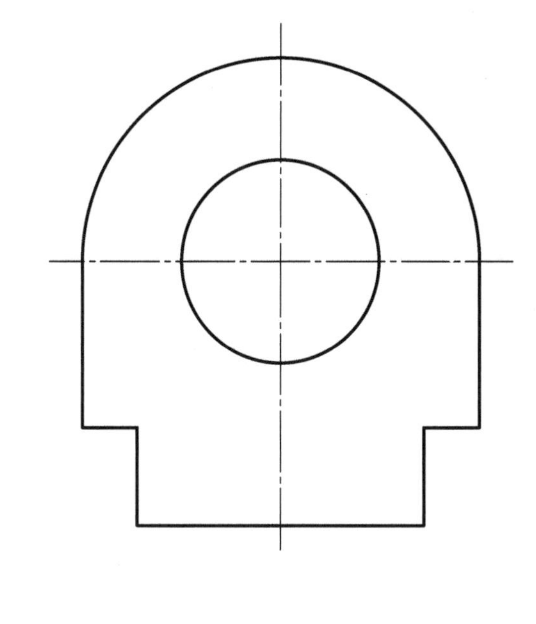

1-5-5 按 1∶1 的比例标注尺寸，尺寸数值从图中量取整数。

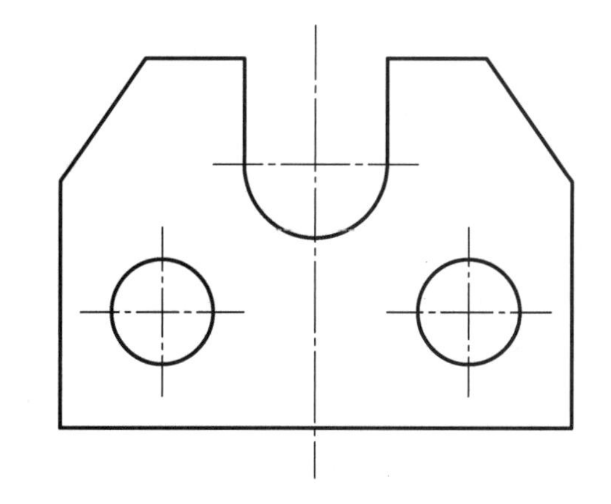

1-5-6 按 1∶1 的比例标注尺寸，尺寸数值从图中量取整数。

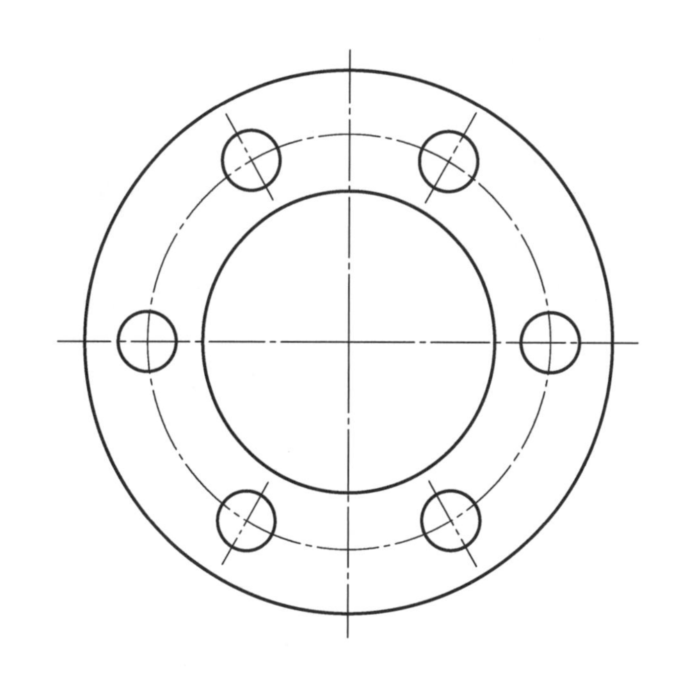

1-6 等分作图

班级　　　　　　姓名　　　　　　学号

1-6-1 将直线 AB 五等分；以 CD 为底边作正三角形。

A B

C D

1-6-2 利用圆（分）规作内接正三边形。

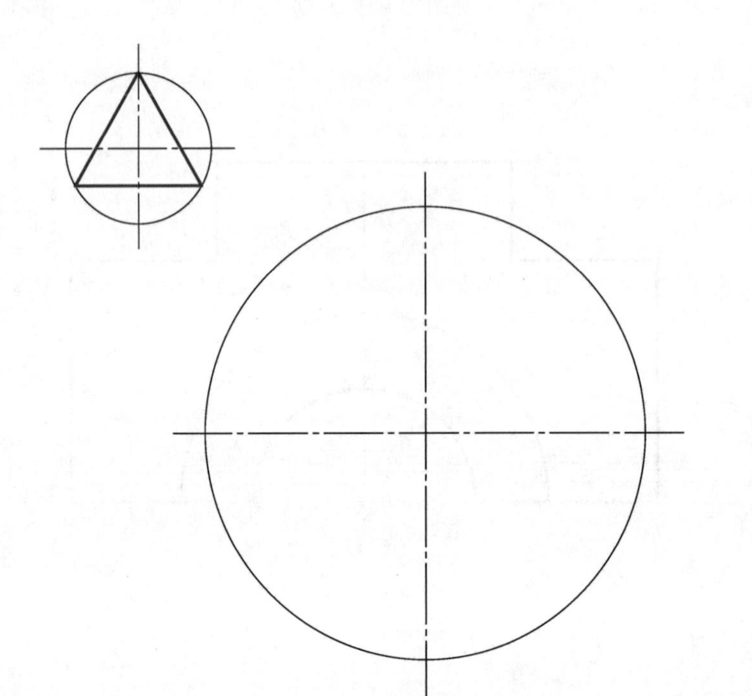

1-6-3 利用圆（分）规作内接正六边形。

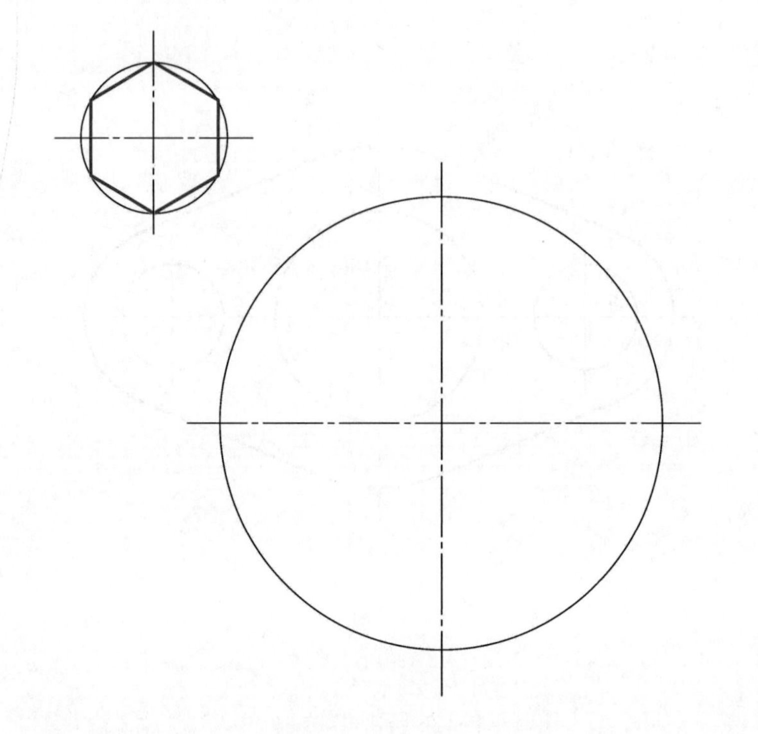

1-6-4 利用三角板作内接正六边形。

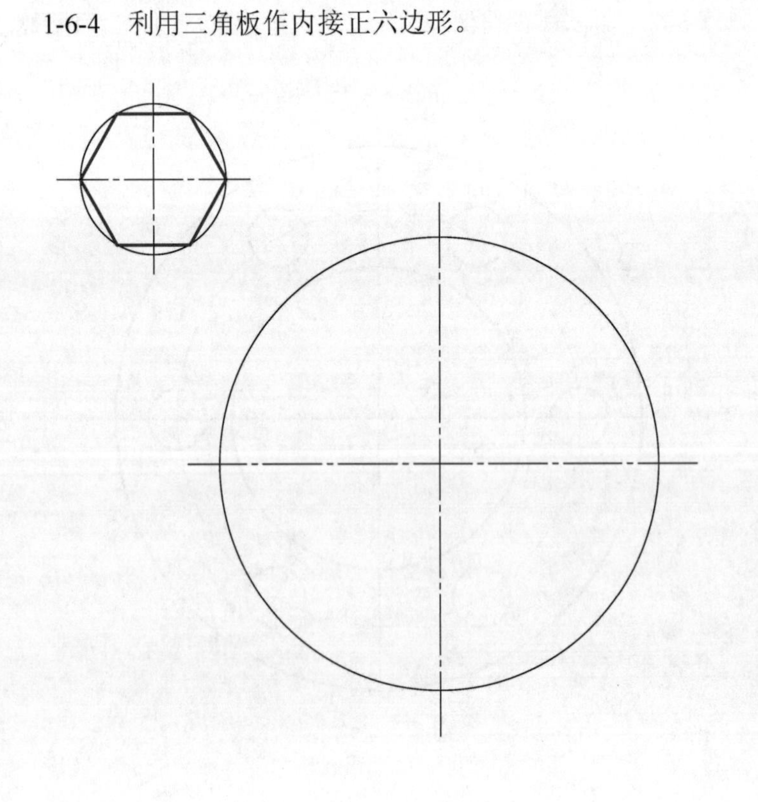

1-6-5 利用圆（分）规作内接正三边形。

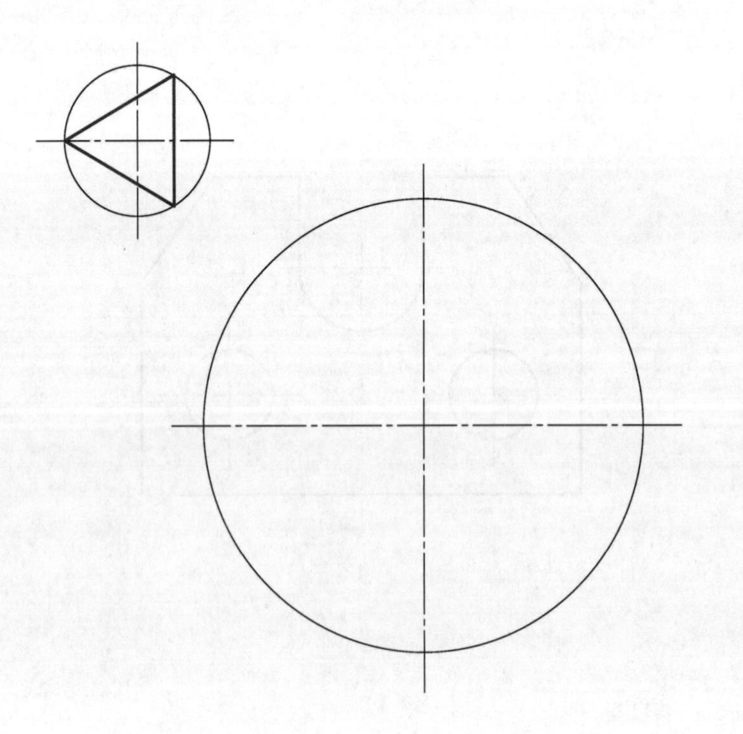

1-6-6 利用圆（分）规作内接正六边形。

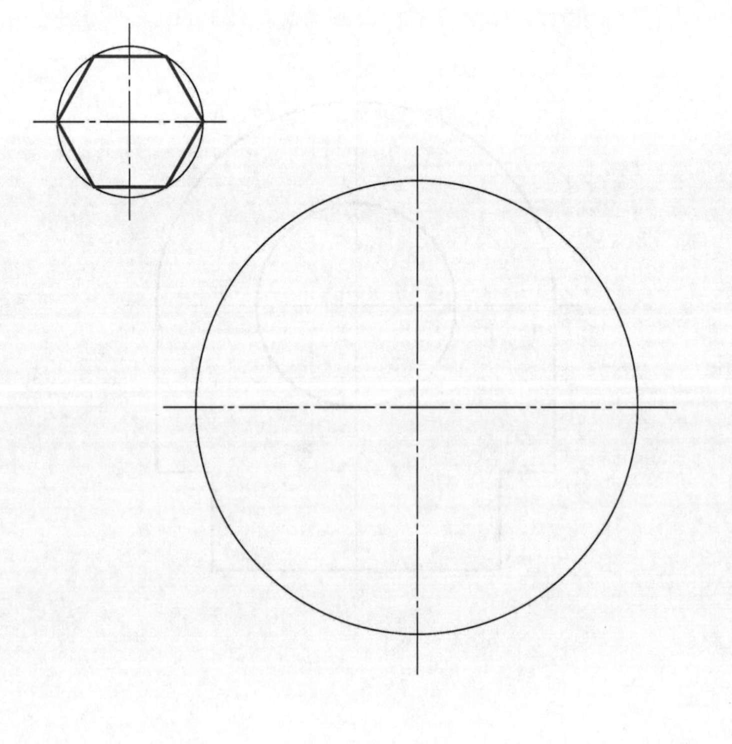

1-7 圆弧连接

班级　　　　　　姓名　　　　学号

1-7-1 按 1∶1 的比例完成下面的图形，保留求连接弧圆心和连接点（切点）的作图线。

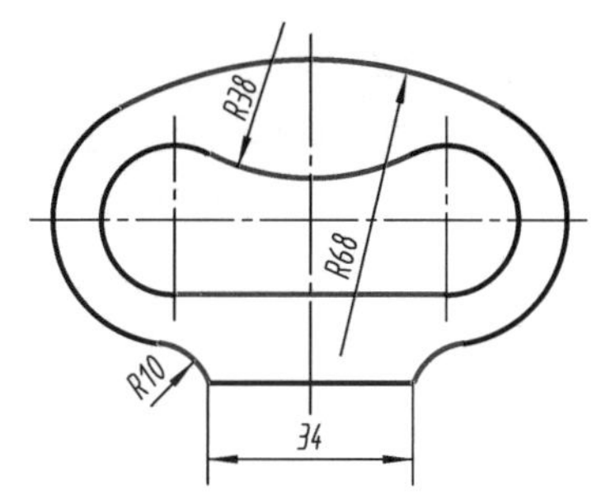

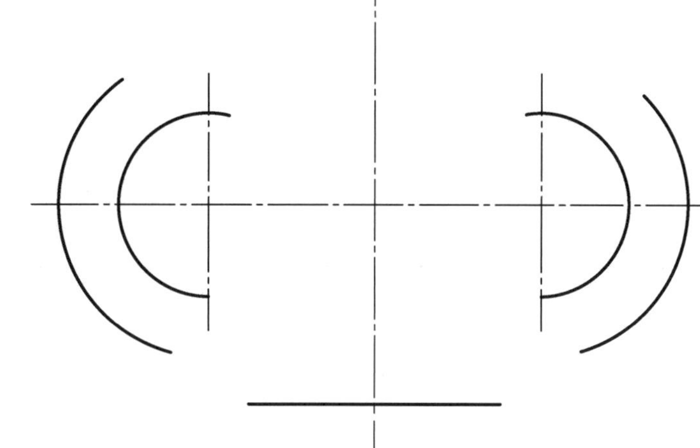

1-7-2 按 1∶1 的比例完成下面的图形，保留求连接弧圆心和连接点（切点）的作图线。

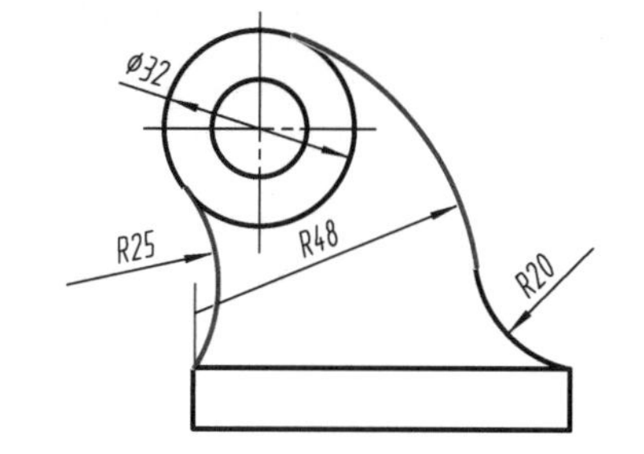

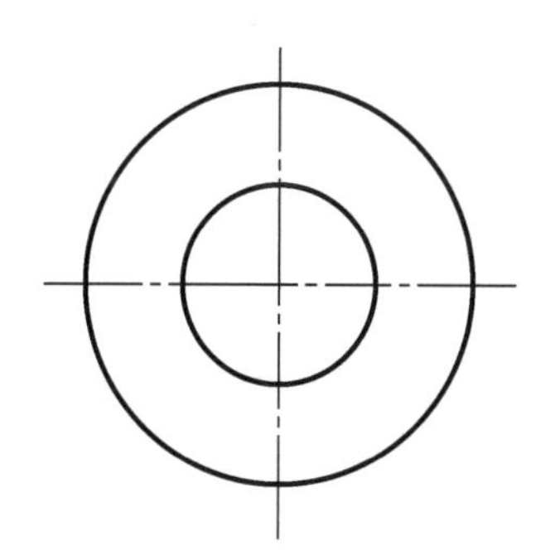

1-7-3 按 1∶1 的比例完成下面的图形，保留求连接弧圆心和连接点（切点）的作图线。

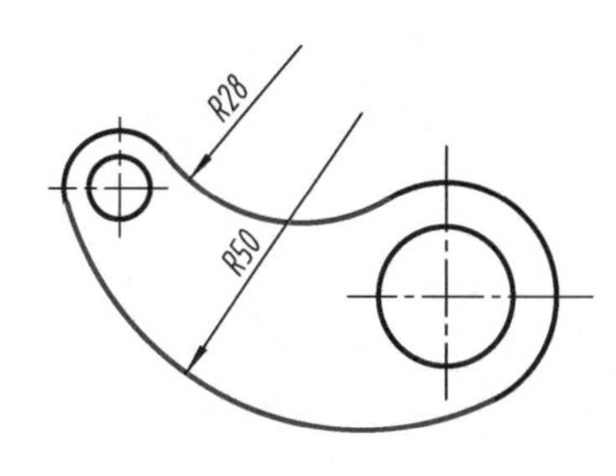

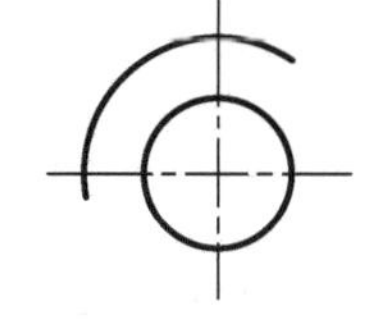

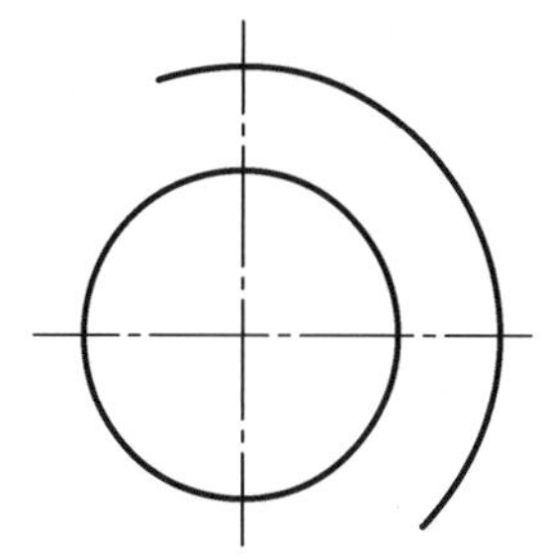

1-7-4 按 1∶1 的比例完成下面的图形，保留求连接弧圆心和连接点（切点）的作图线。

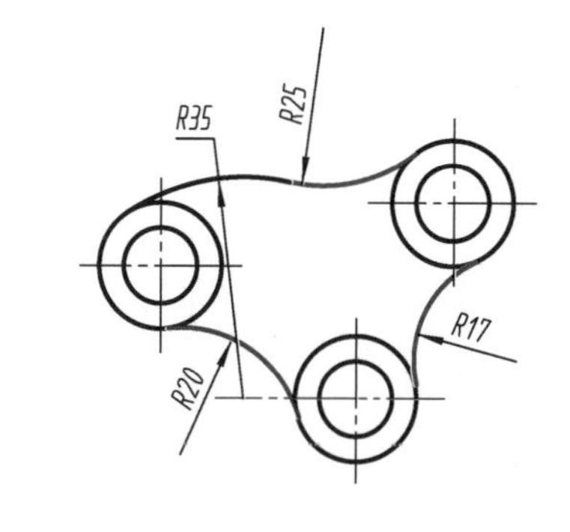

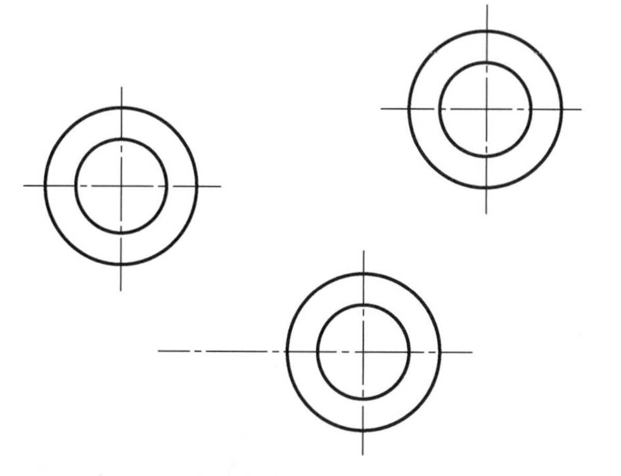

№2 作业指导书

一、目的

（1）熟悉平面图形的绘图步骤和尺寸注法。

（2）掌握线段连接的作图方法和技巧。

二、内容与要求

（1）按教师指定的题号，绘制平面图形并标注尺寸。

（2）用 A4 图纸，自己选定绘图比例。

三、作图步骤

（1）分析图形中的尺寸作用及线段性质，确定作图步骤。

（2）画底稿。

①画图框、对中符号和标题栏。

②画出图形的基准线及圆的对称中心线等。

③按已知弧、中间弧、连接弧的顺序画出图形。

④画出尺寸界线、尺寸线。

（3）检查底稿，描深图形。

（4）标注尺寸，填写标题栏。

（5）校对，修饰图面。

四、注意事项

（1）布置图形时，应留足标注尺寸的位置，使图形布置匀称。

（2）画底稿时，作图线应细淡而准确，连接弧的圆心及切点要准确。

（3）加深时必须细心，按“先粗后细，先曲后直，先水平后垂直、倾斜”的顺序绘制，尽量做到同类图线规格一致、连接光滑。

（4）箭头应符合规定，并且大小一致。不要漏注尺寸或漏画箭头。

（5）作图过程中要保持图面清洁。

五、图例（下方）

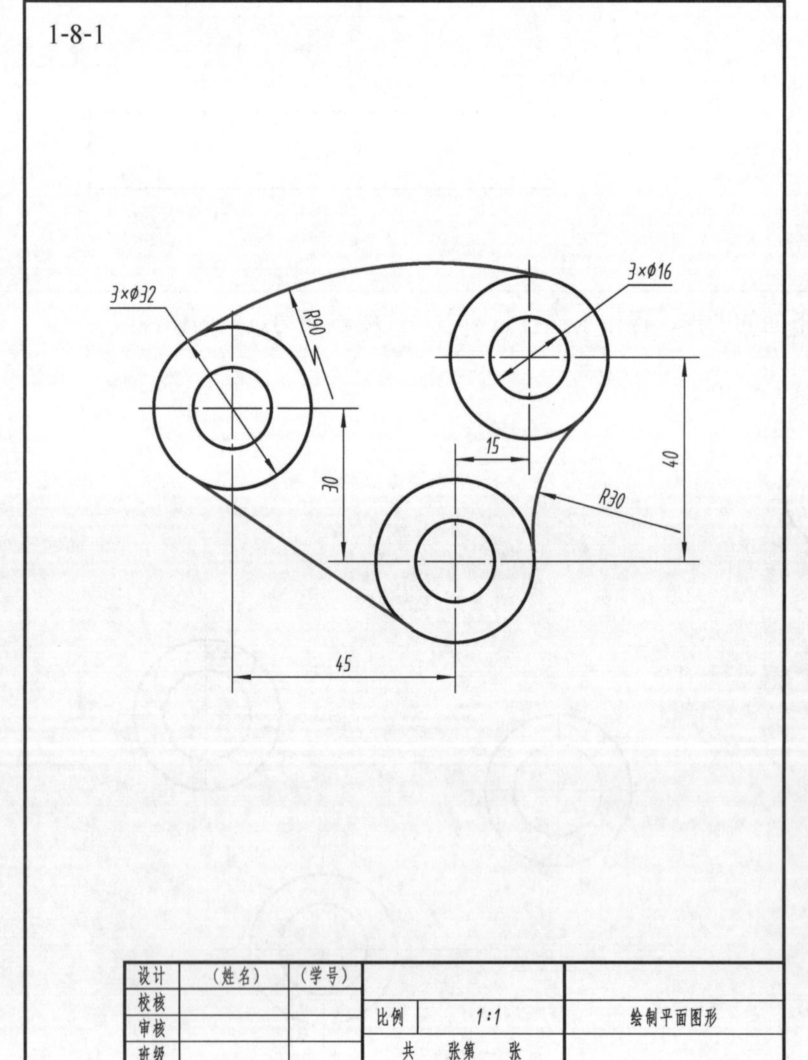

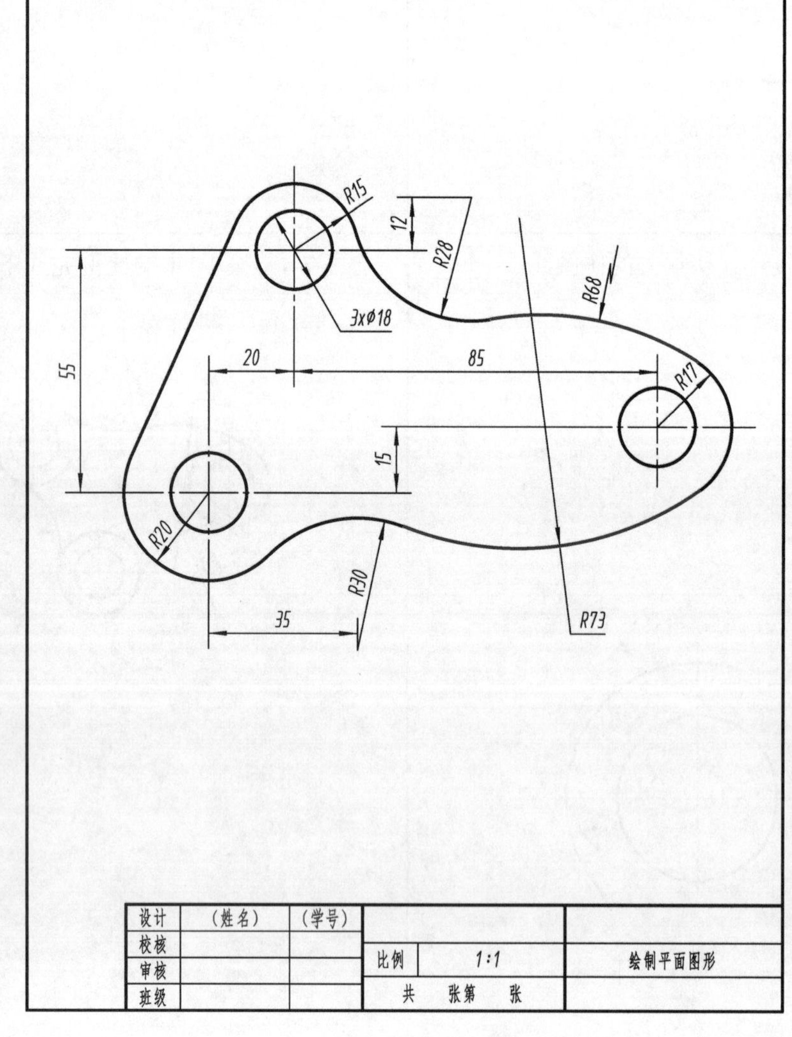

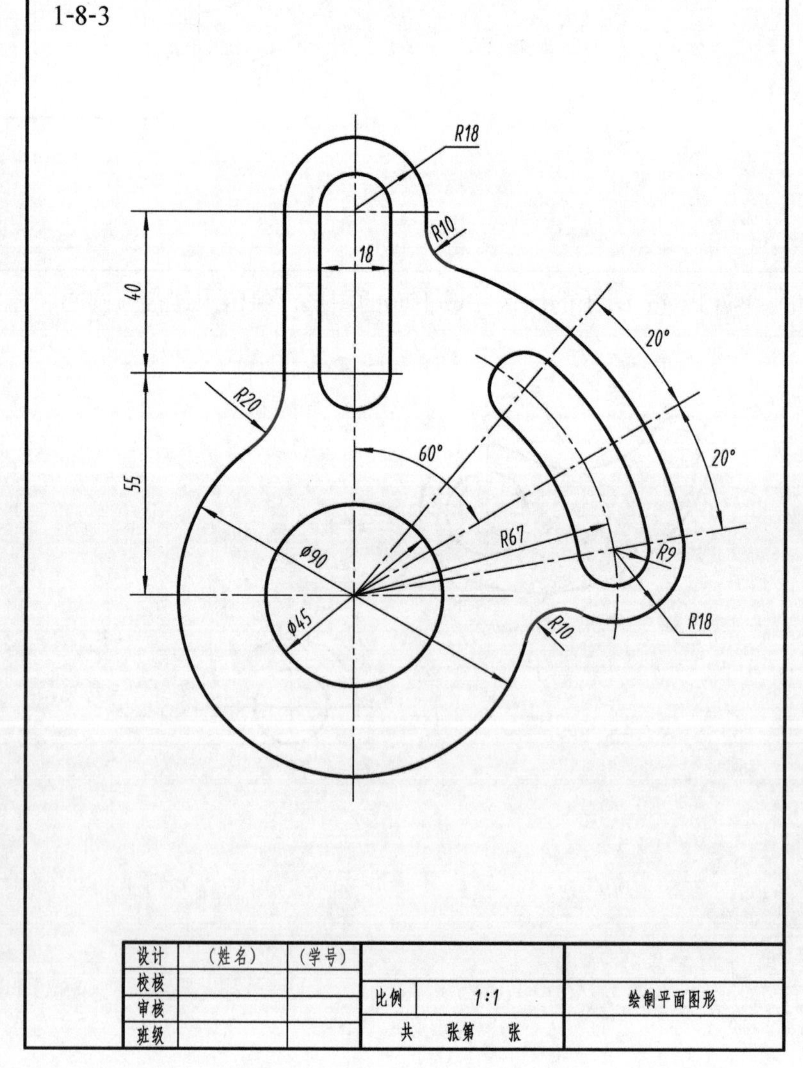

第二章　投影基础

2-1　填空、选择题

班级　　　　姓名　　　　学号

2-1-1　填空题。

（1）获得投影的三要素有（　　　　　）、物体、投影面。

（2）当平面与投影面平行时，其投影（　　　　　　　　　）；当平面与投影面垂直时，其投影（　　　　　）；当平面与投影面倾斜时，其投影（　　　　）。

（3）主视图是由（　　）向（　　）投射，在（　　）面上所得的视图；俯视图是由（　　）向（　　）投射，在（　　）面上所得的视图；左视图是由（　　）向（　　）投射，在（　　）面上所得的视图。

（4）三视图之间的对应关系：主、左视图（　　　　　）；主、俯视图（　　　　　　）；左、俯视图（　　　　　）。

（5）“三等规律”不仅反映在物体的（　　　　）上，也反映在物体的（　　　　　）上。

（6）三视图与物体的方位关系如何：主视图反映物体的（　　　　　）和（　　　　　）位置关系；俯视图反映物体的（　　　　　）和（　　　　　）位置关系；左视图反映物体的（　　　　　）和（　　　　　）位置关系。

（7）俯视图的下方表示物体的（　　）面，俯视图的上方表示物体的（　）面。

2-1-2　选择题。

（1）机械图样主要采用（　　）法绘制。

A. 平行投影　　B. 中心投影　　C. 斜投影　　D. 正投影

（2）平行投影法中投射线与投影面相垂直时，称为（　　）。

A. 垂直投影法　　B. 正投影法　　C. 斜投影法　　D. 中心投影法

（3）正投影的基本性质主要有真实性、积聚性、（　　）。

A. 类似性　　B. 特殊性　　C. 统一性　　D. 普遍性

（4）三视图中，离主视图远的一面表示物体的（　　）面。

A. 上　　B. 下　　C. 前　　D. 后

（5）三视图中，离主视图近的一面表示物体的（　　）面。

A. 上　　B. 下　　C. 前　　D. 后

（6）画视图时，可见棱边线和轮廓线用（　　）绘制，不可见棱边线和轮廓线用（　　）绘制。

A. 粗实线　　B. 细实线　　C. 细虚线　　D. 细点画线

2-1-3　选择与三视图对应的轴测图（多选题），将其编号填入括号内。

（　　）

（1）　（2）　（3）

（4）　（5）　（6）

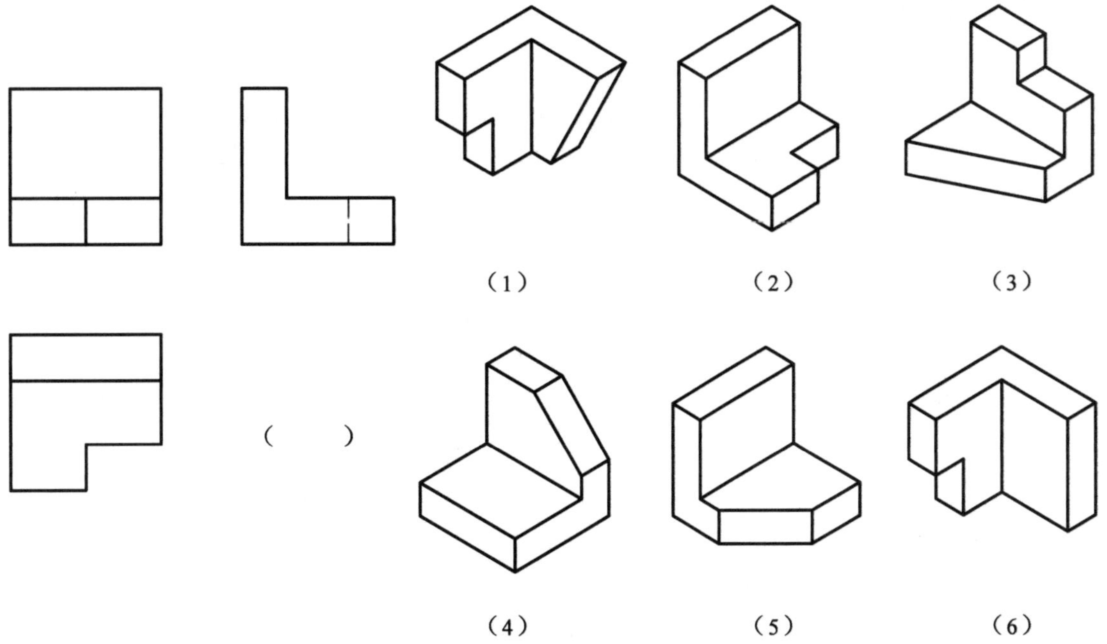

2-1-4　选择与三视图对应的轴测图（多选题），将其编号填入括号内。

（　　）

（1）　（2）　（3）

（4）　（5）　（6）

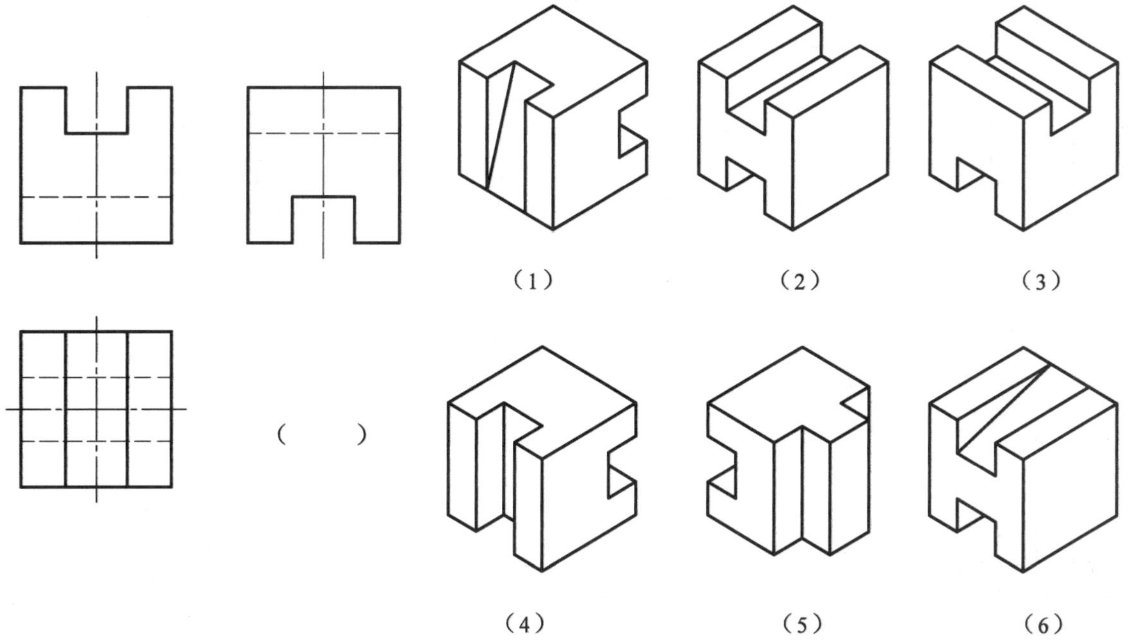

2-2 观察三视图，辨认其相应的轴测图，并在○内填写对应的序号

班级　　　　姓名　　　　学号

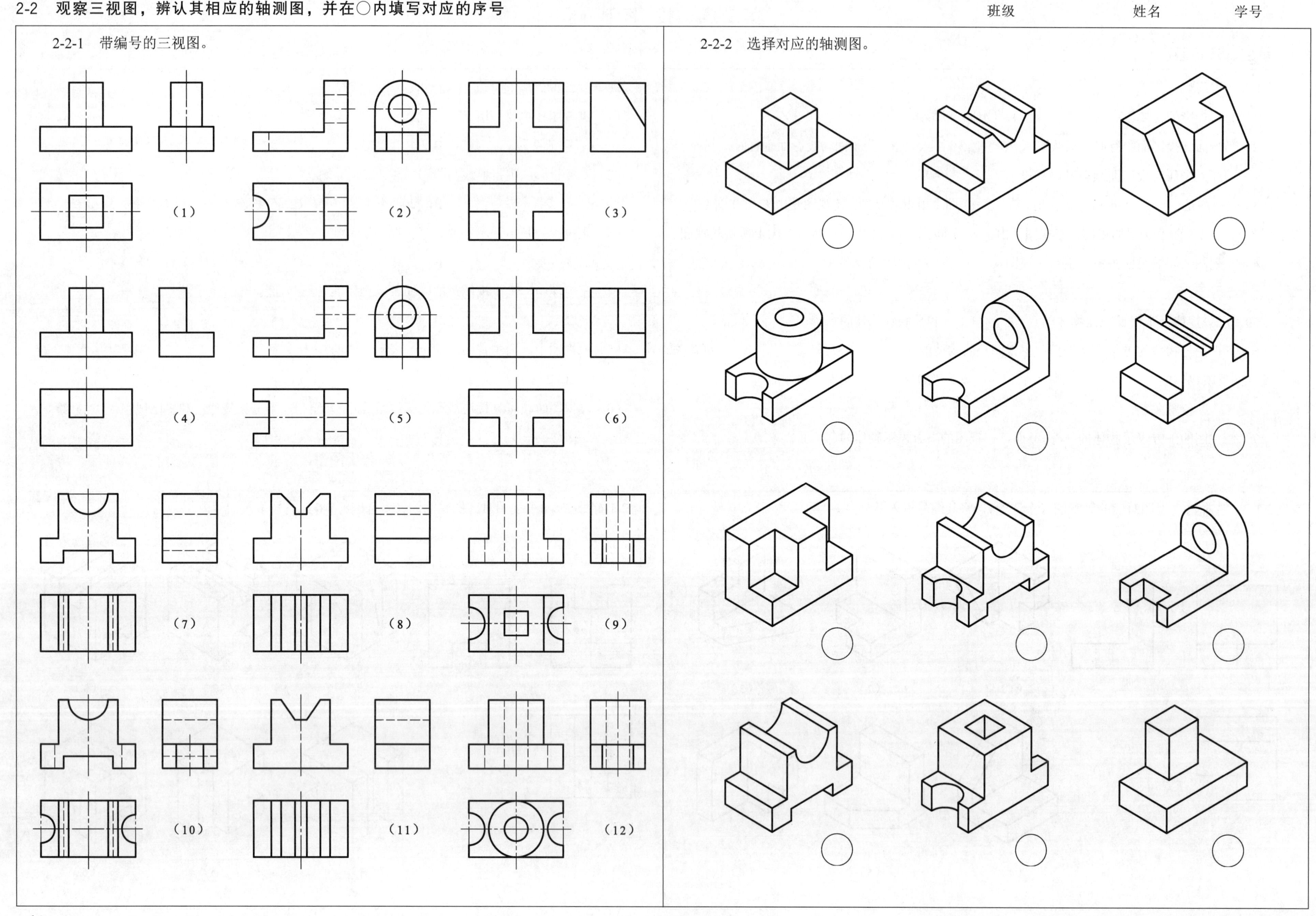

2-3 三视图与轴测图表达的是否为同一个物体（在选项中画“√”）

班级　　　　姓名　　　　学号

2-3-1

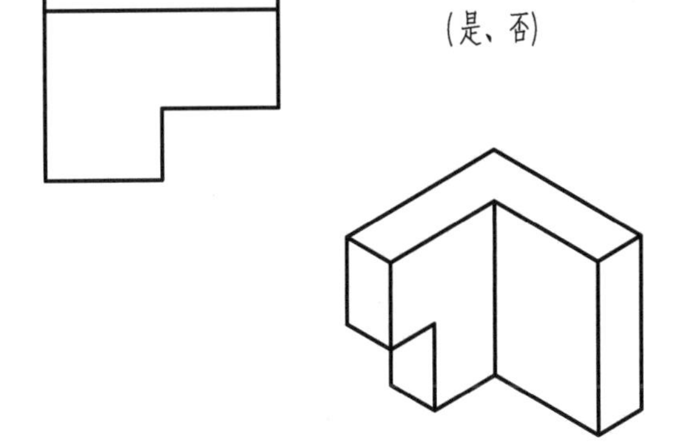

(是、否)

2-3-2

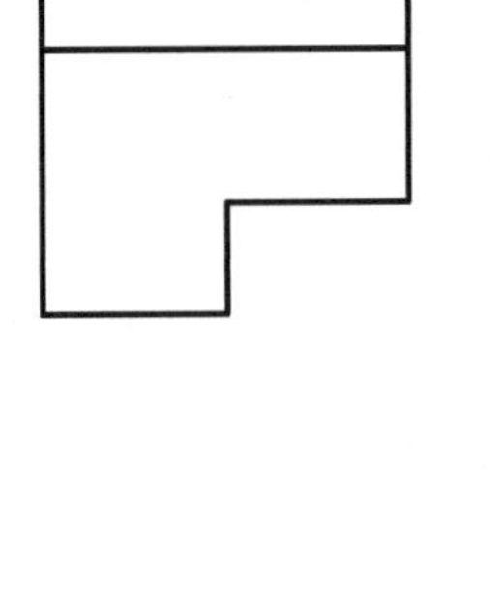

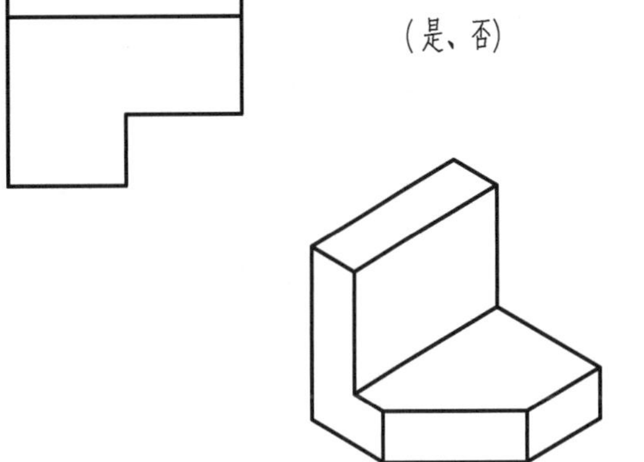

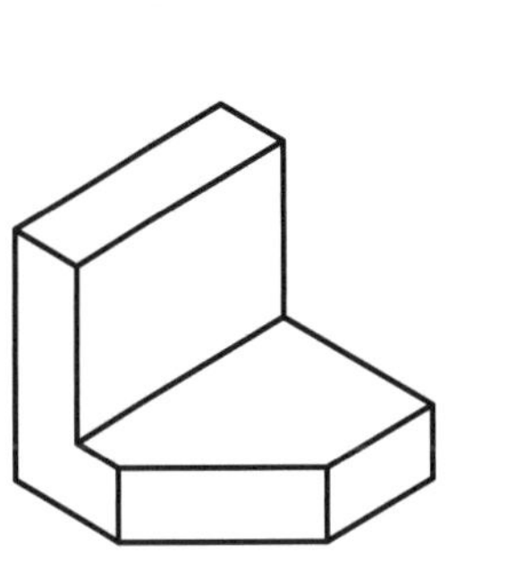

(是、否)

2-3-3

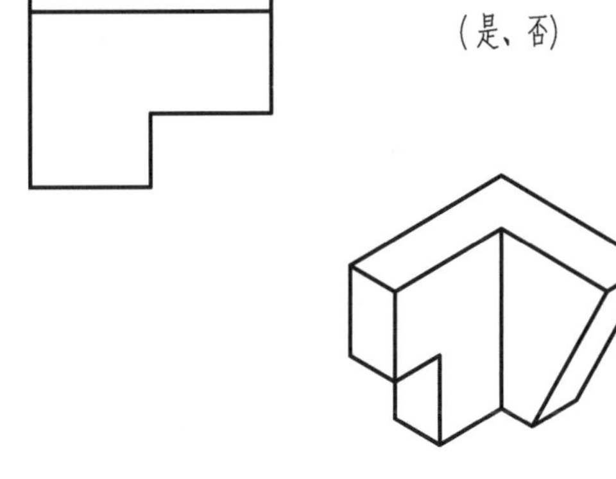

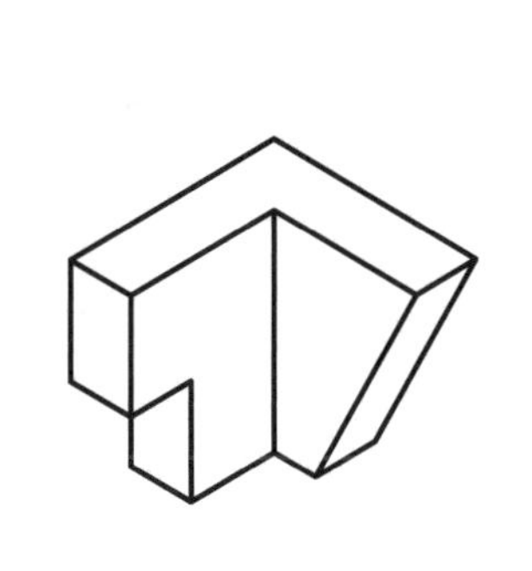

(是、否)

2-3-4

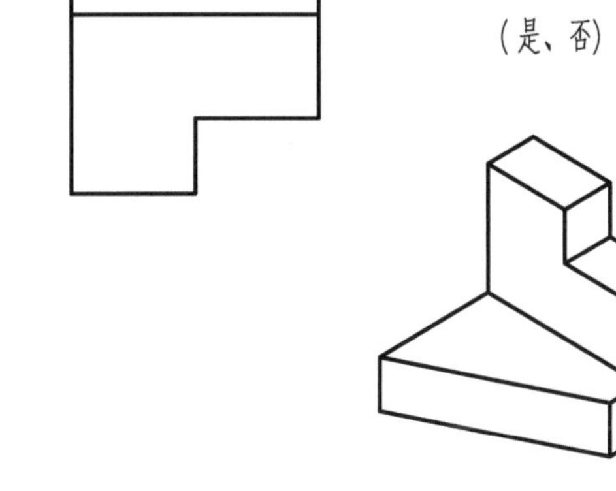

(是、否)

2-3-5

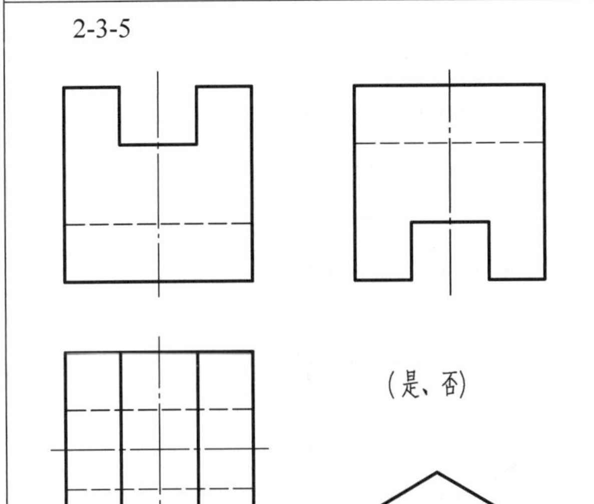

(是、否)

2-3-6

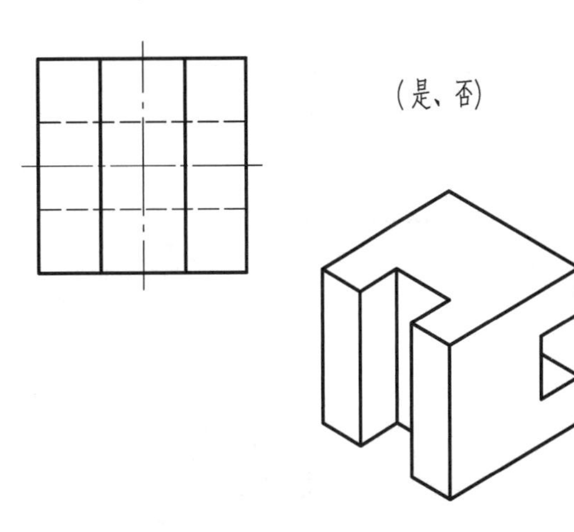

(是、否)

2-3-7

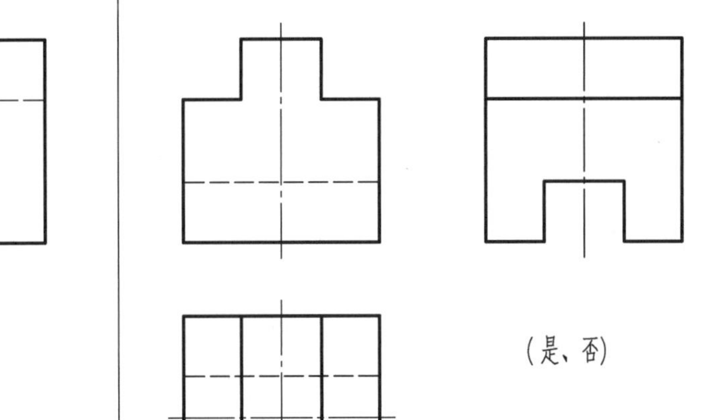

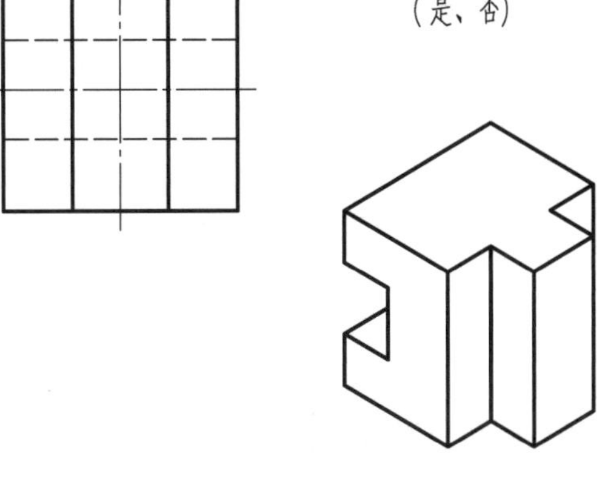

(是、否)

2-3-8

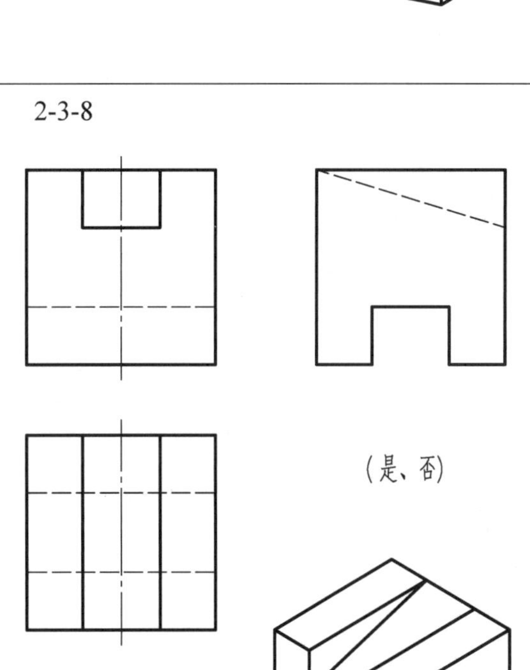

(是、否)

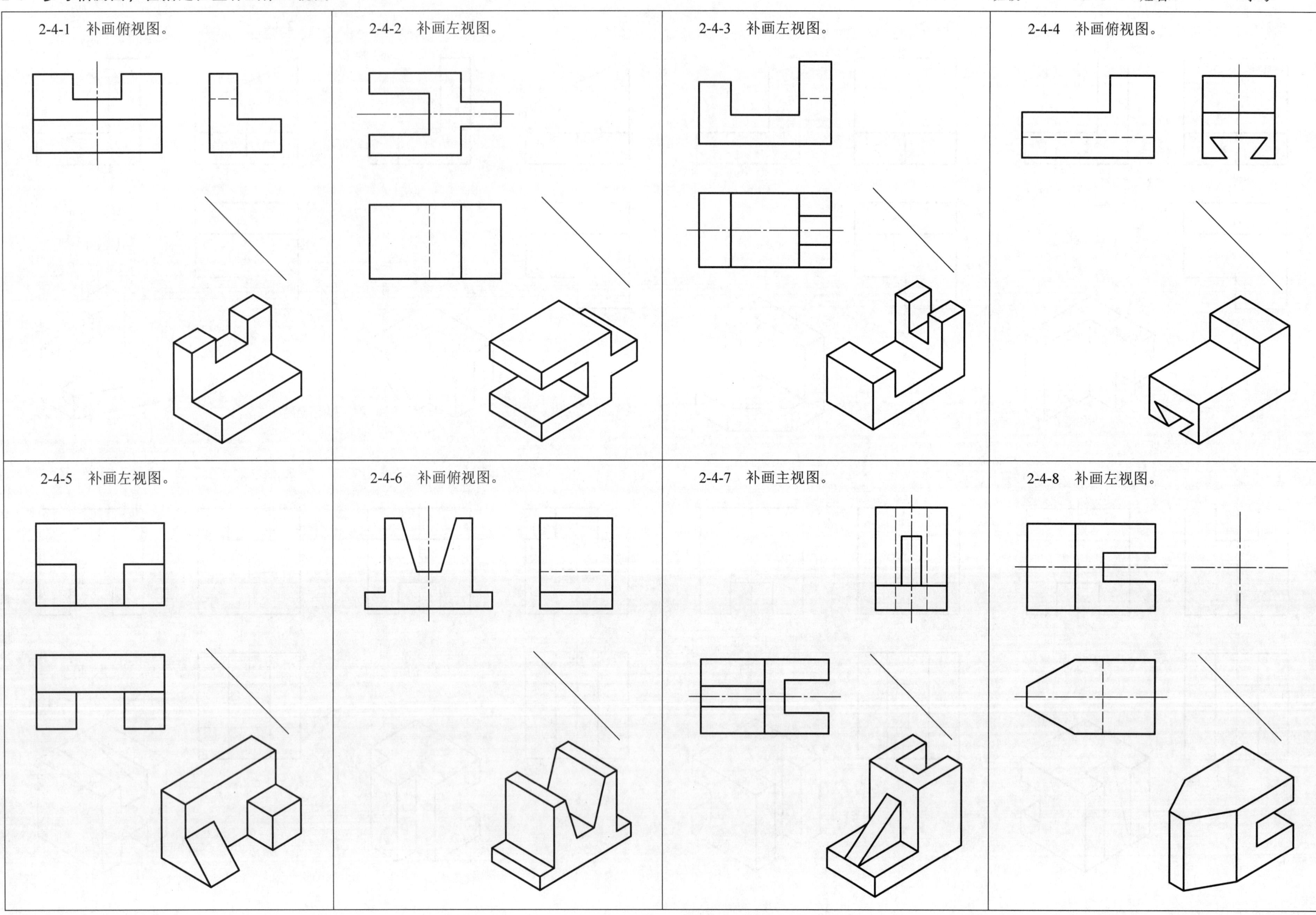
2-4-1 补画俯视图。
2-4-2 补画左视图。
2-4-3 补画左视图。
2-4-4 补画俯视图。
2-4-5 补画左视图。
2-4-6 补画俯视图。
2-4-7 补画主视图。
2-4-8 补画左视图。

2-5 补画视图中所缺的图线

班级 姓名 学号

2-5-1 参考轴测图补画视图中所缺的图线。

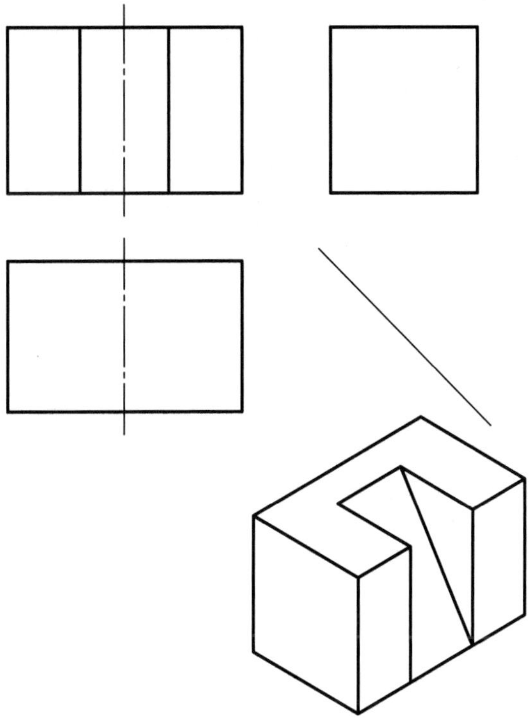

2-5-2 参考轴测图补画视图中所缺的图线。

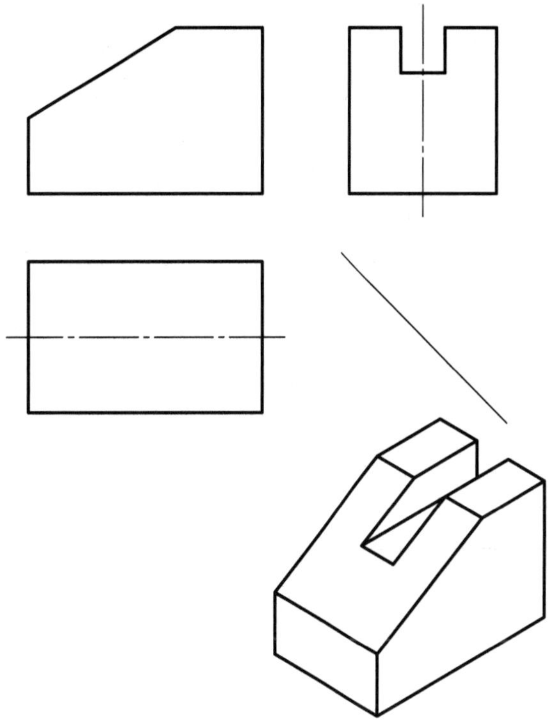

2-5-3 参考轴测图补画视图中所缺的图线。

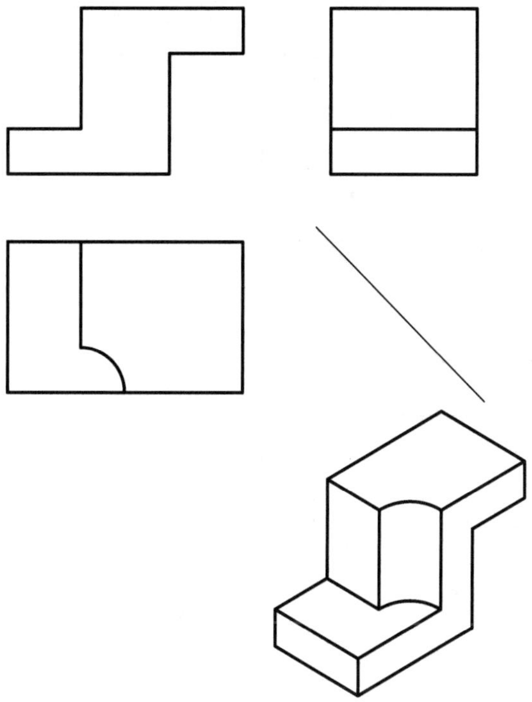

2-5-4 参考轴测图补画视图中所缺的图线。

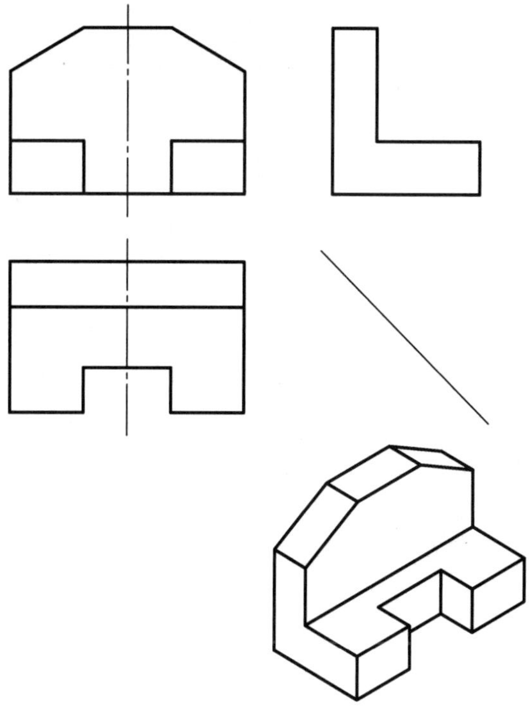

2-5-5 看懂三视图，补画视图中所缺的图线。

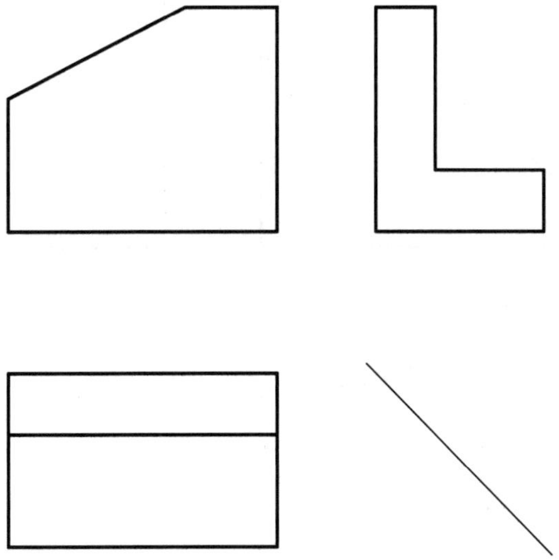

2-5-6 看懂三视图，补画视图中所缺的图线。

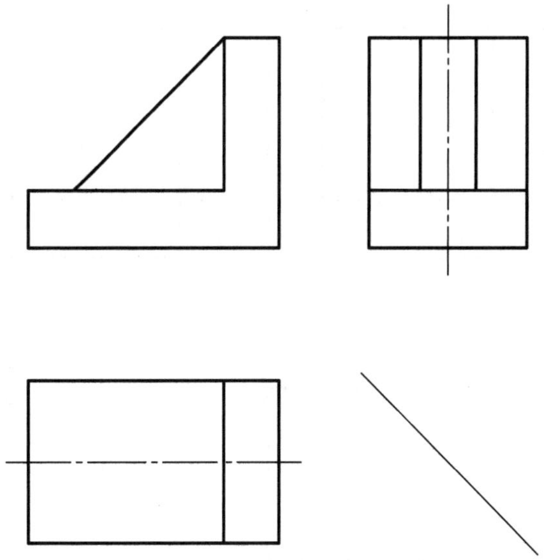

2-5-7 看懂三视图，补画视图中所缺的图线。

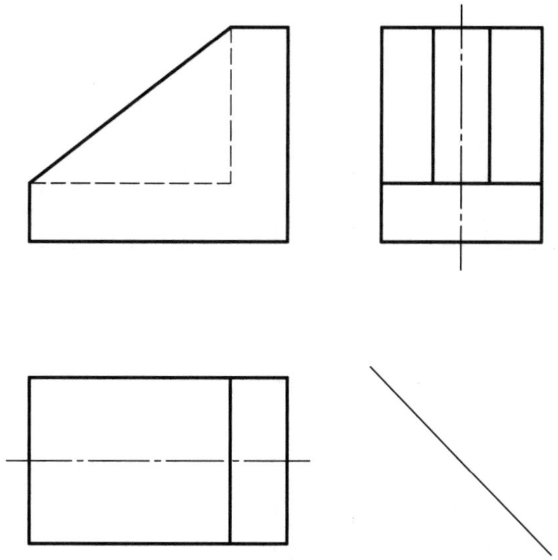

2-5-8 看懂三视图，补画视图中所缺的图线。

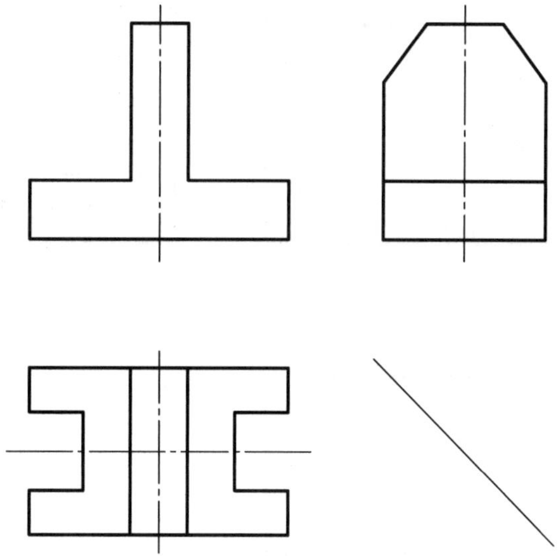

2-6　看懂三视图，补画视图中所缺的图线

班级　　　　姓名　　　　学号

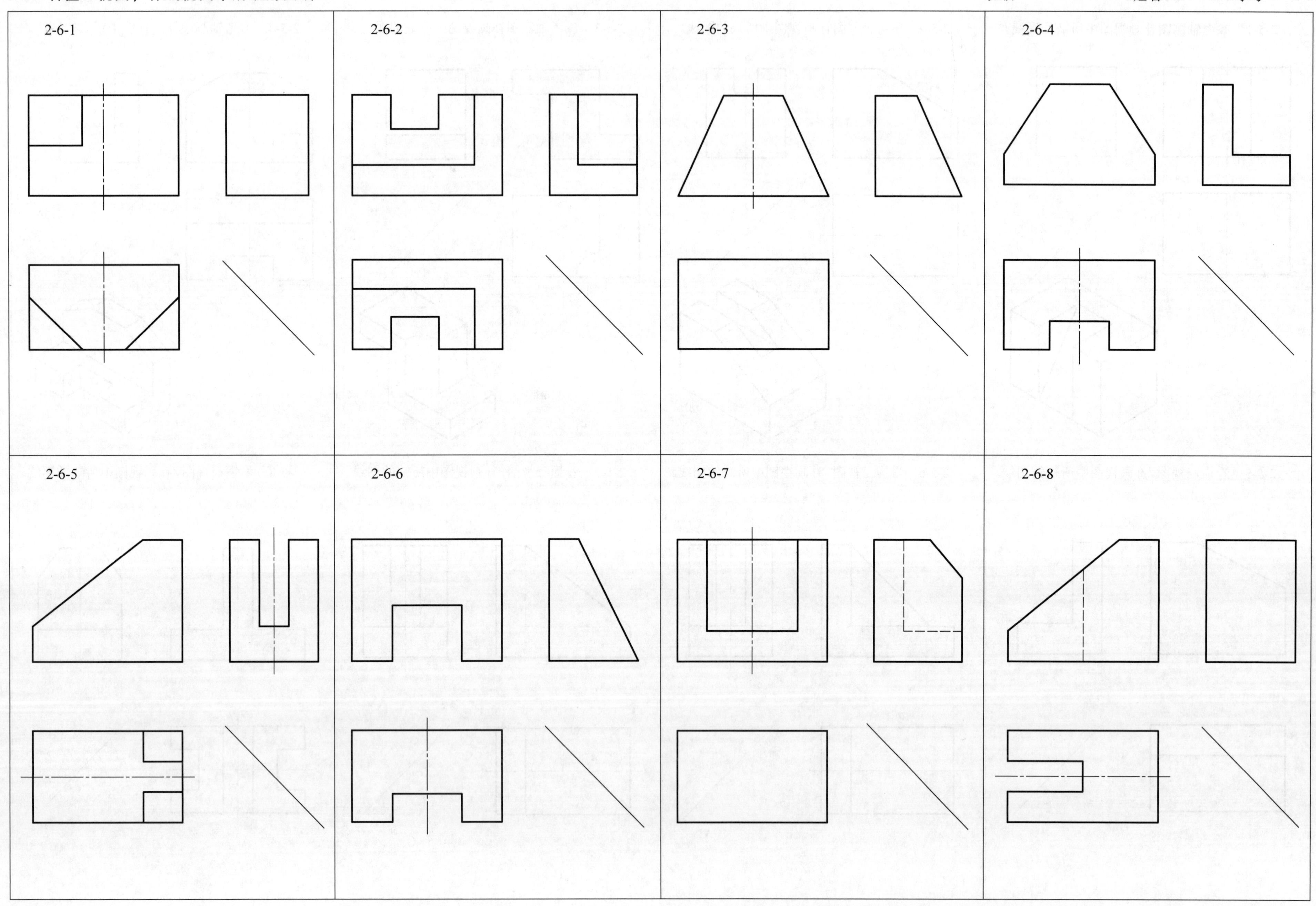

2-7　补画出第三视图

班级　　　　姓名　　　　学号

2-7-1　补画左视图。

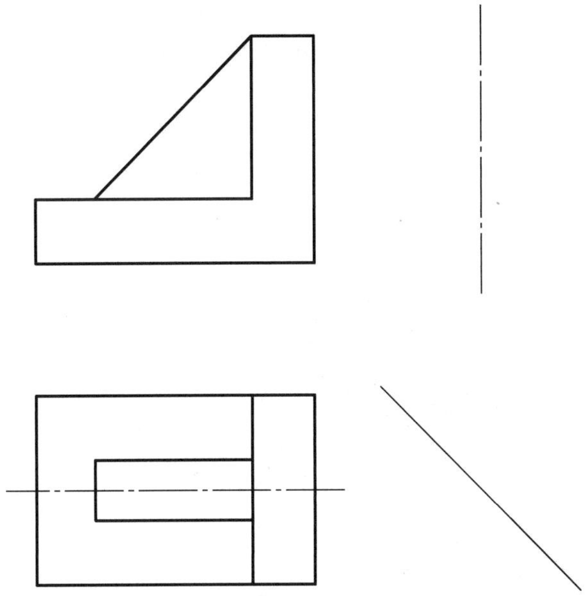

2-7-2　补画左视图。

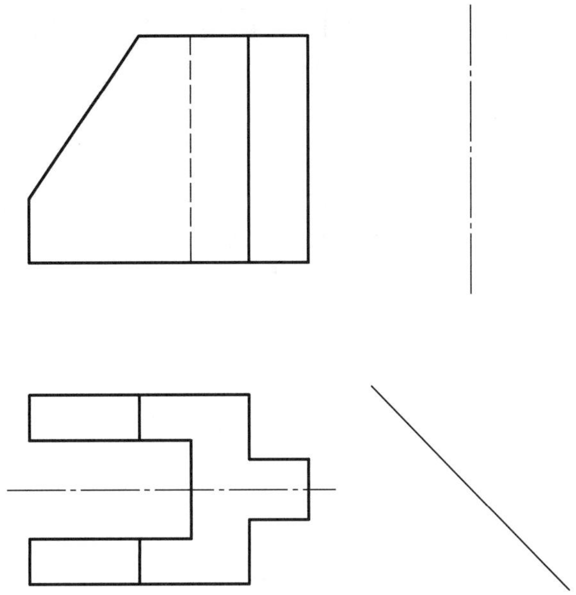

2-7-3　补画左视图。

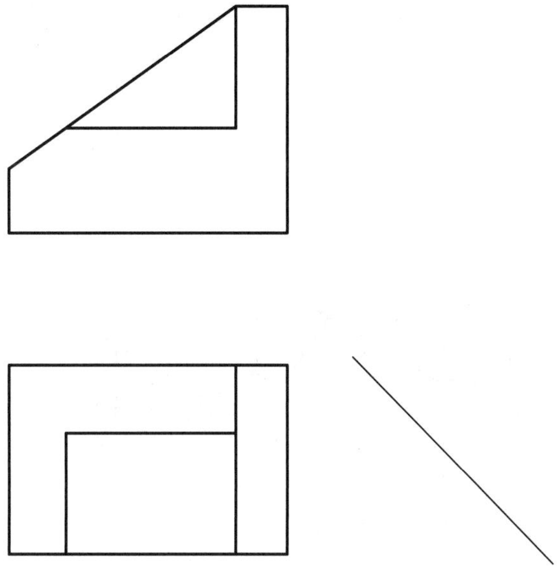

2-7-4　补画俯视图。

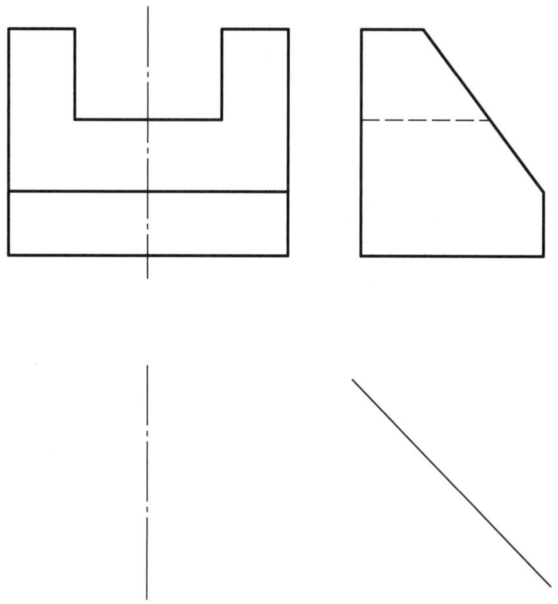

2-7-5　补画主视图。

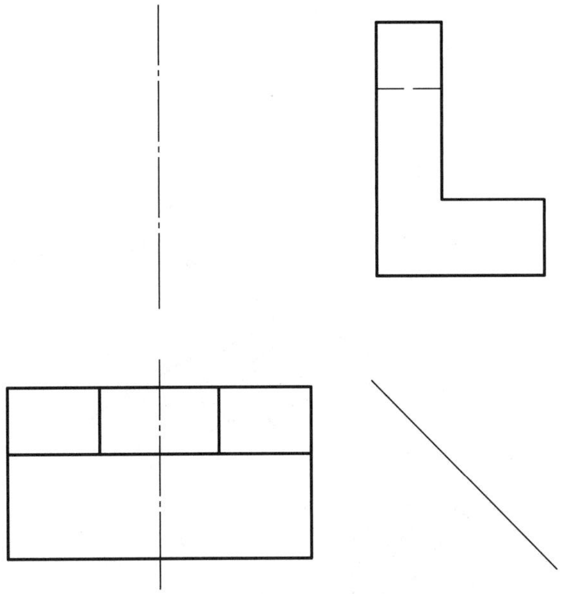

2-7-6　补画左视图。

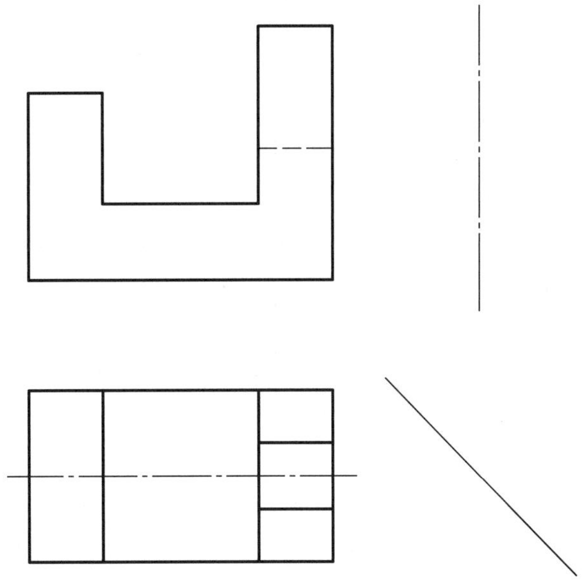

2-7-7　补画左视图。

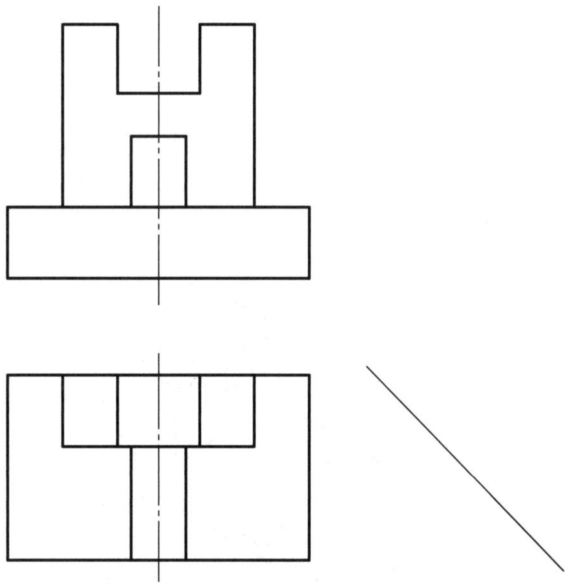

2-7-8　补画俯视图。

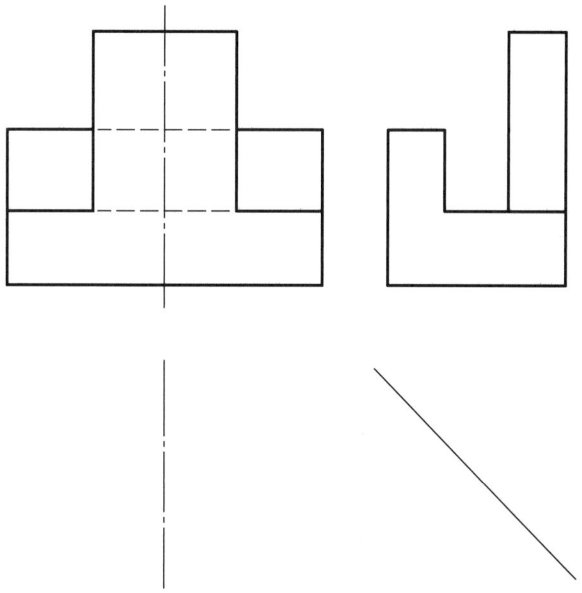

2-8　根据轴测图及尺寸，按 1∶1 的比例画出三视图

班级 　　姓名　　学号

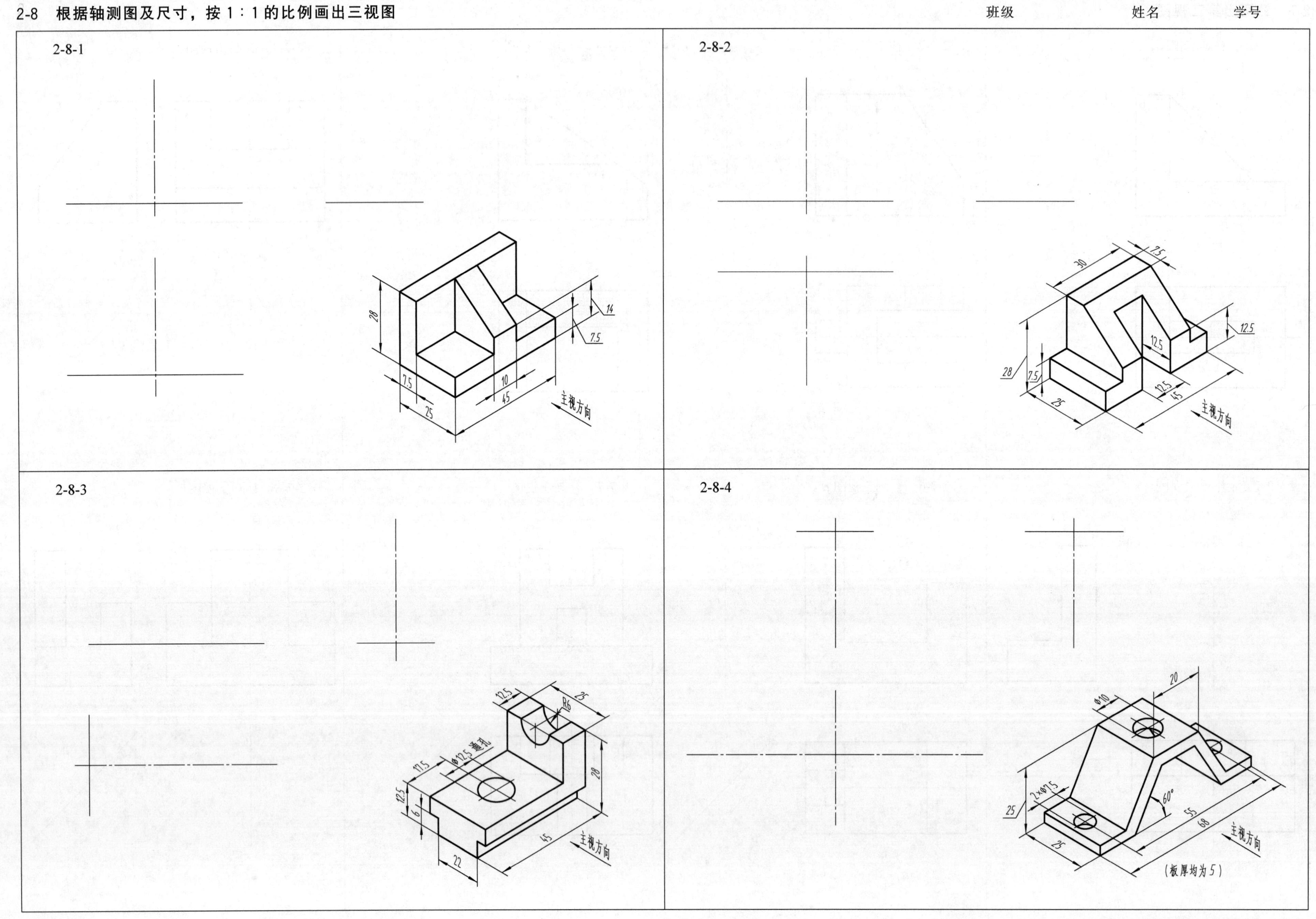

第三章　立体表面交线

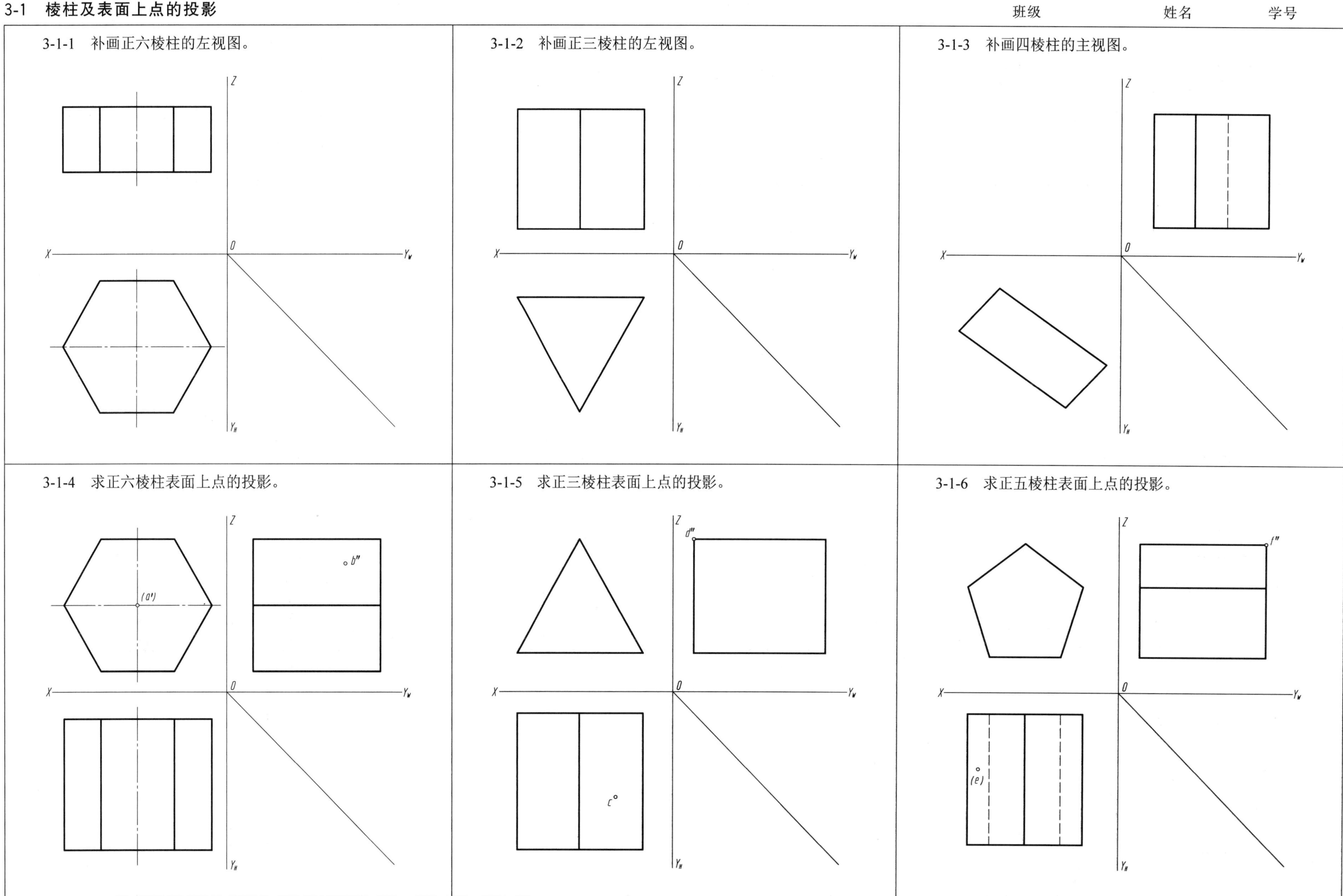
3-1　棱柱及表面上点的投影
班级
姓名
学号
3-1-1　补画正六棱柱的左视图。
3-1-2　补画正三棱柱的左视图。
3-1-3　补画四棱柱的主视图。
3-1-4　求正六棱柱表面上点的投影。
3-1-5　求正三棱柱表面上点的投影。
3-1-6　求正五棱柱表面上点的投影。
Z
X
O
Y_W
Y_H
(a')
b''
c
d''
(e)
f''

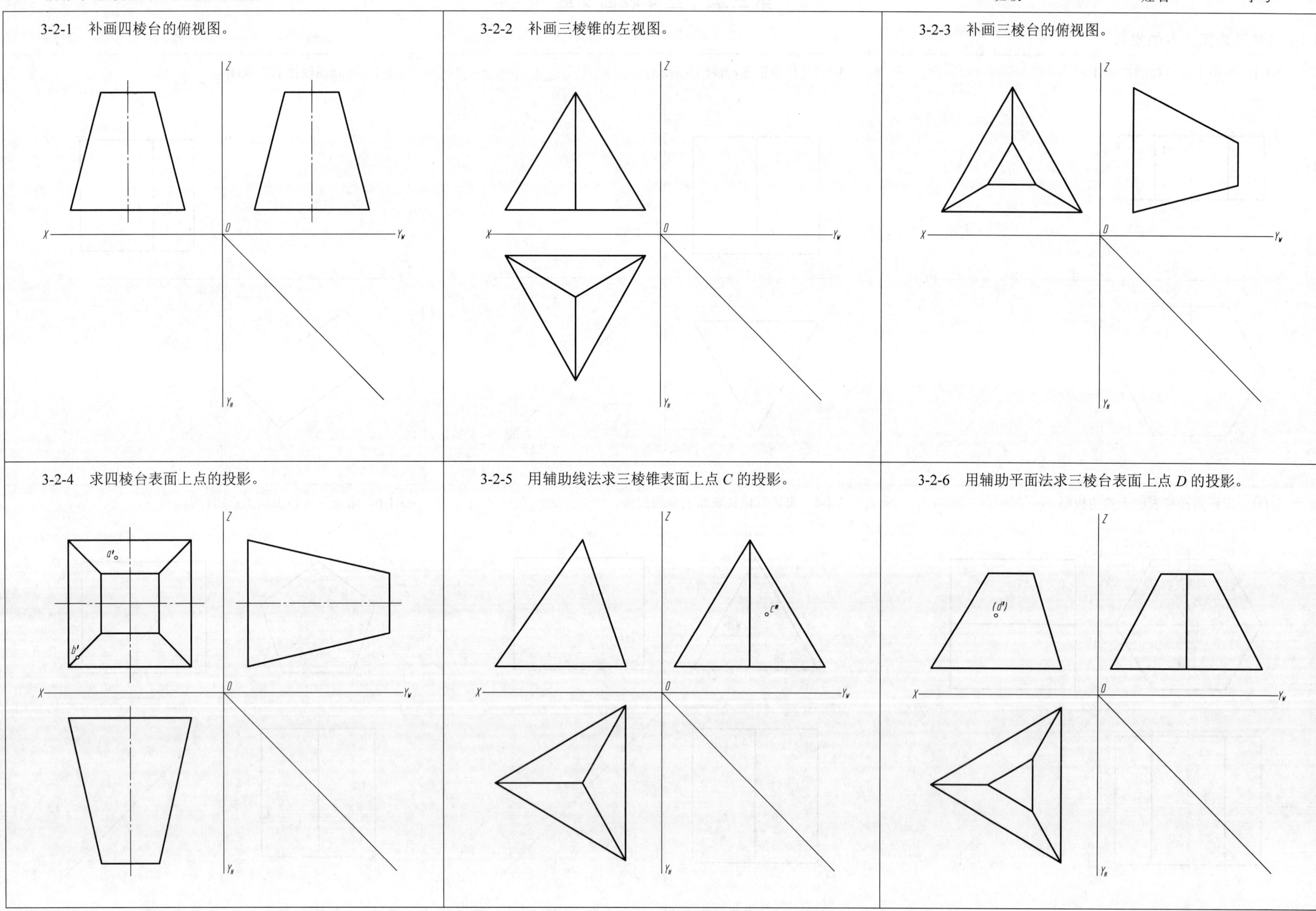
3-2-1 补画四棱台的俯视图。
3-2-2 补画三棱锥的左视图。
3-2-3 补画三棱台的俯视图。
3-2-4 求四棱台表面上点的投影。
3-2-5 用辅助线法求三棱锥表面上点 C 的投影。
3-2-6 用辅助平面法求三棱台表面上点 D 的投影。
Z
X
O
Y_W
Y_H
a'
b'
c''
(d')

3-3　曲面立体及表面上点的投影

班级　　　　姓名　　　　学号

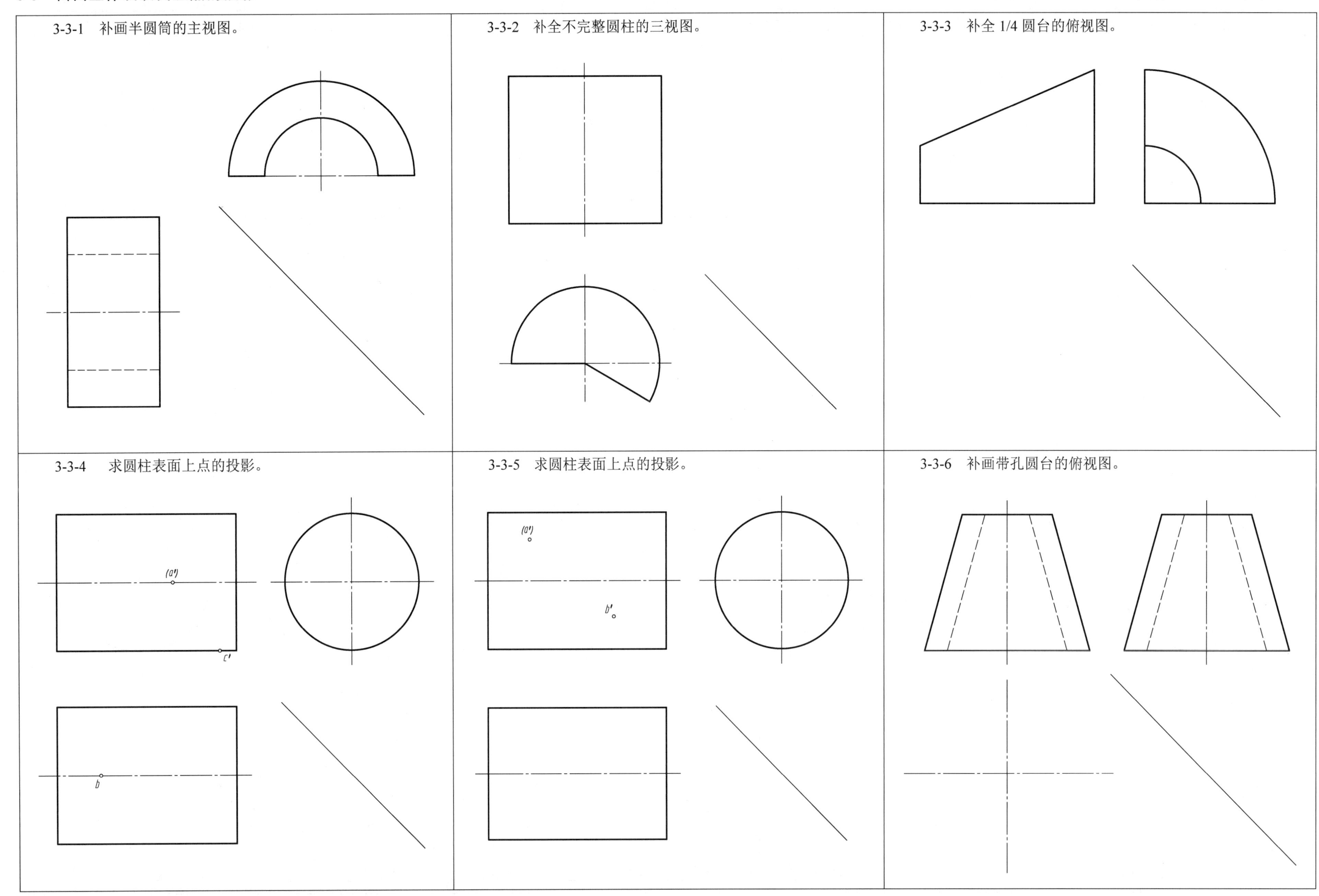

3-4 求曲面立体表面上点的投影；判断点的空间位置

班级　　　姓名　　　学号

3-4-1 求圆锥表面上点的投影。

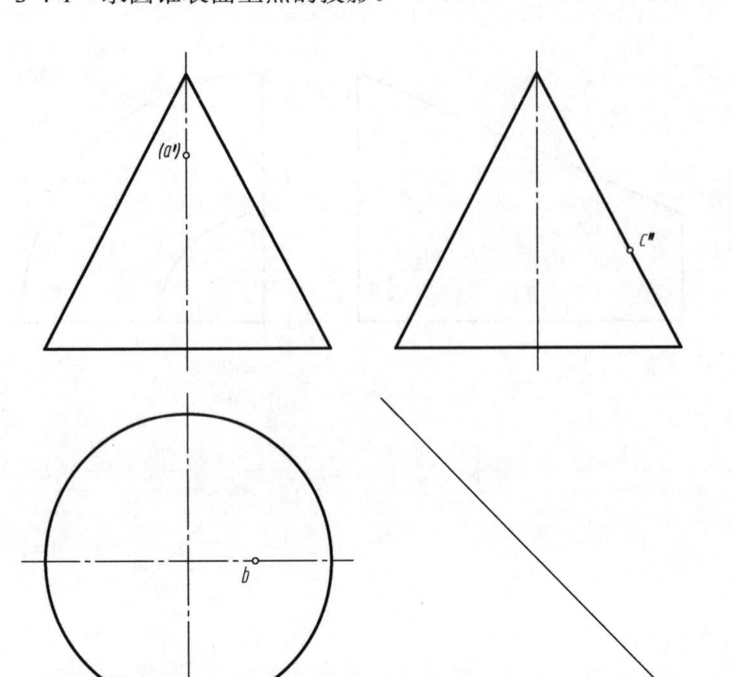

3-4-2 用辅助线法求圆锥表面上点的投影。

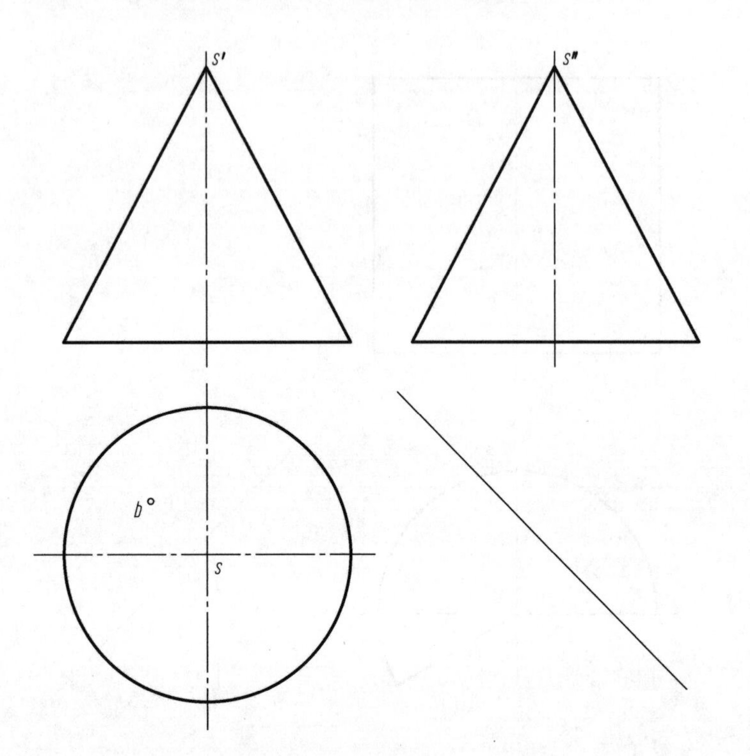

3-4-3 用辅助平面法求圆锥表面上点的投影。

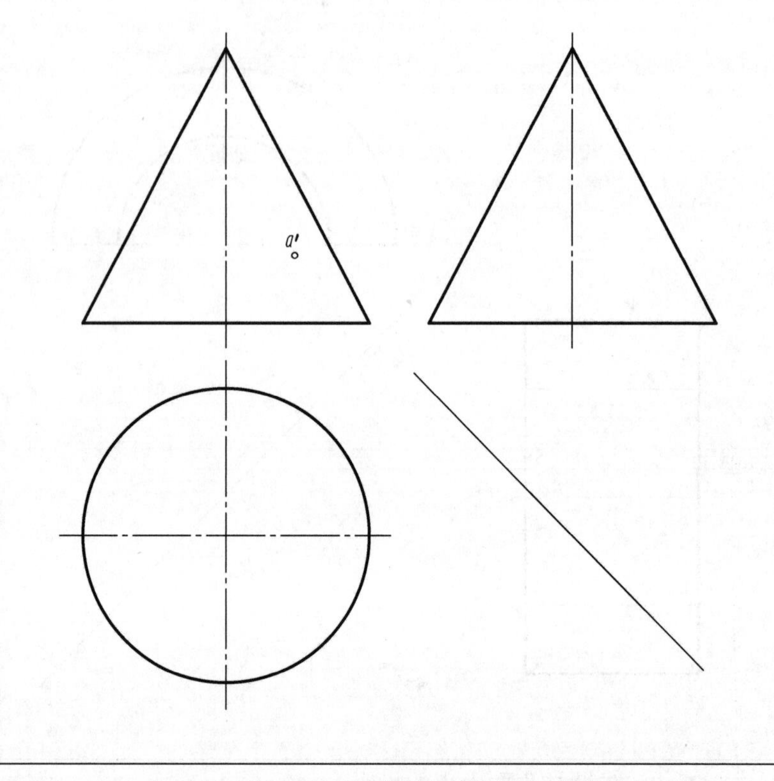

3-4-4 判断点的空间位置。

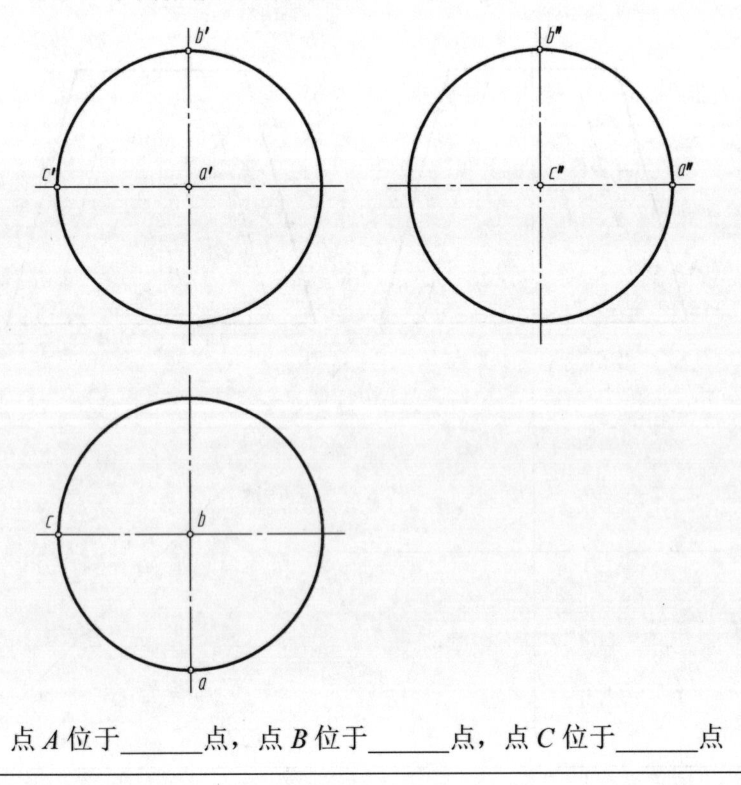

点 *A* 位于______点，点 *B* 位于______点，点 *C* 位于______点

3-4-5 补全点的投影，并判别点的空间位置。

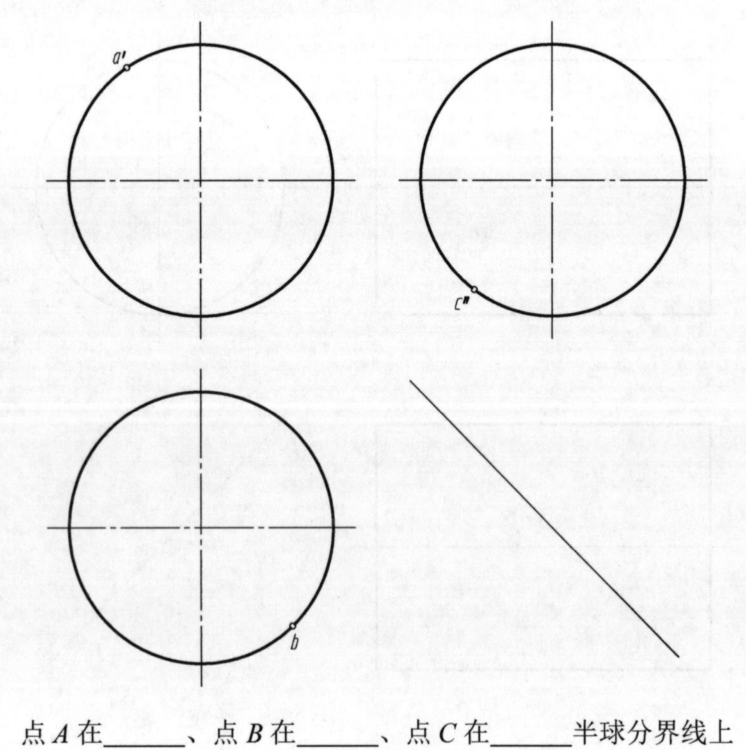

点 *A* 在______、点 *B* 在______、点 *C* 在______半球分界线上

3-4-6 求出点 *A* 的另外两面投影，并判别点的空间位置。

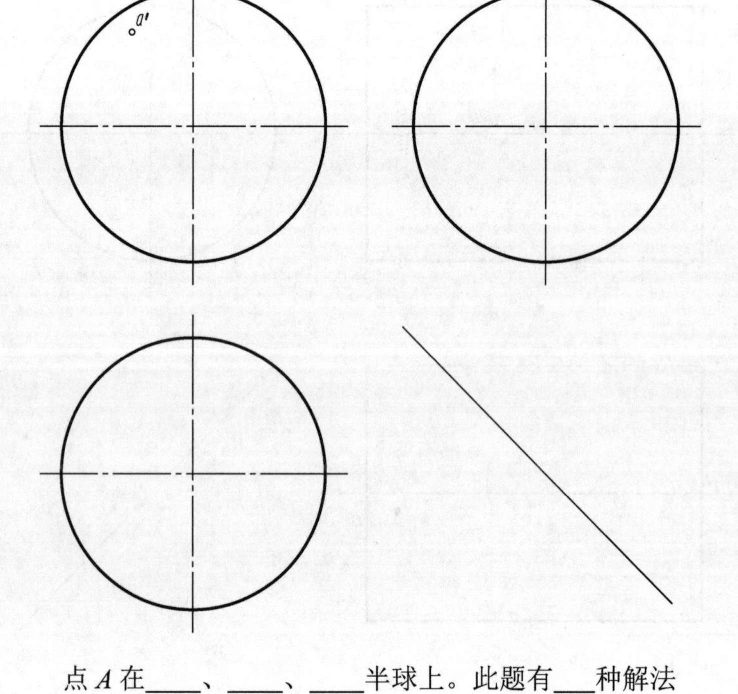

点 *A* 在____、____、____半球上。此题有___种解法

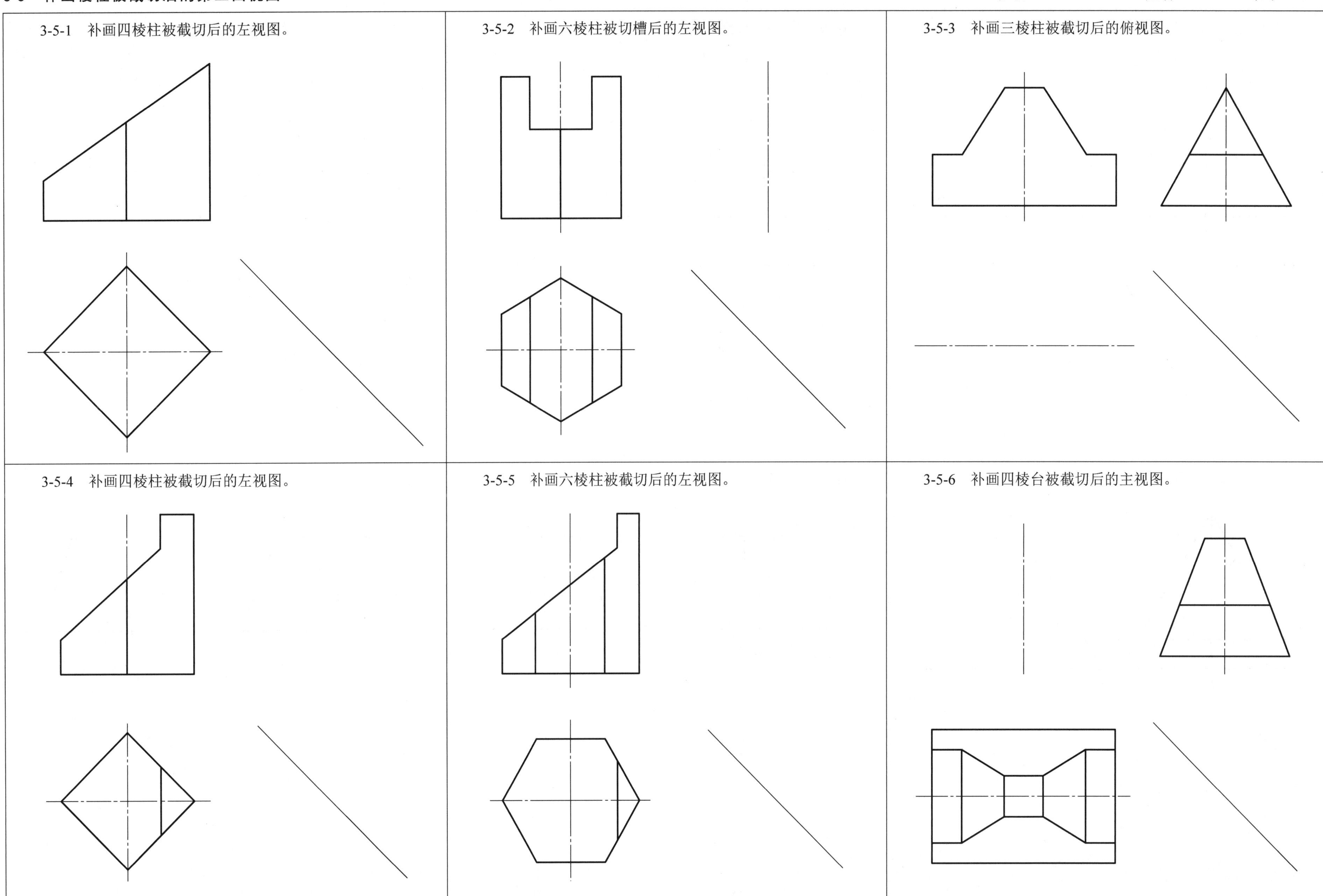
3-5-1 补画四棱柱被截切后的左视图。
3-5-2 补画六棱柱被切槽后的左视图。
3-5-3 补画三棱柱被截切后的俯视图。
3-5-4 补画四棱柱被截切后的左视图。
3-5-5 补画六棱柱被截切后的左视图。
3-5-6 补画四棱台被截切后的主视图。

3-6 补画棱锥、棱台被截切后的投影

班级　　姓名　　学号

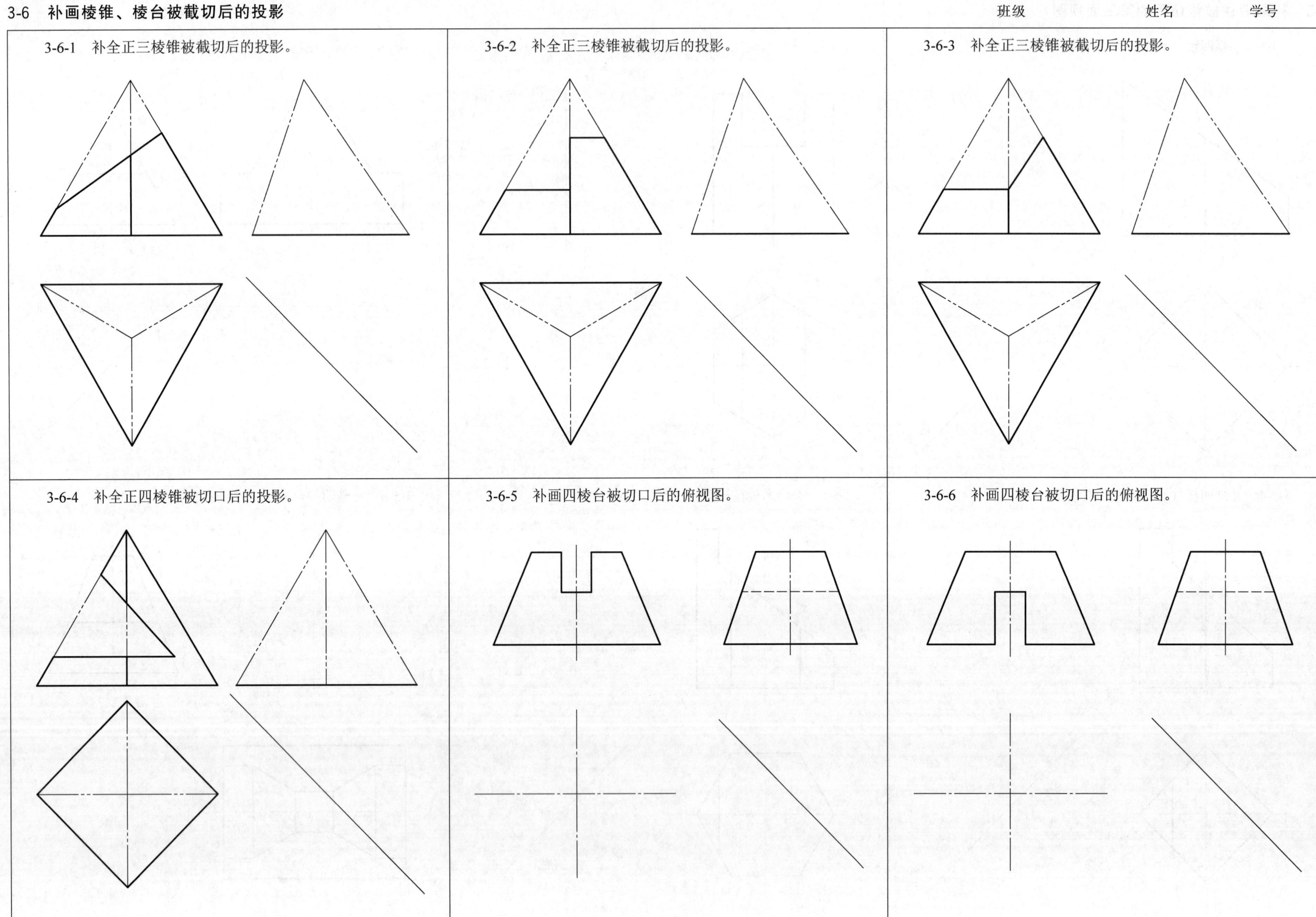

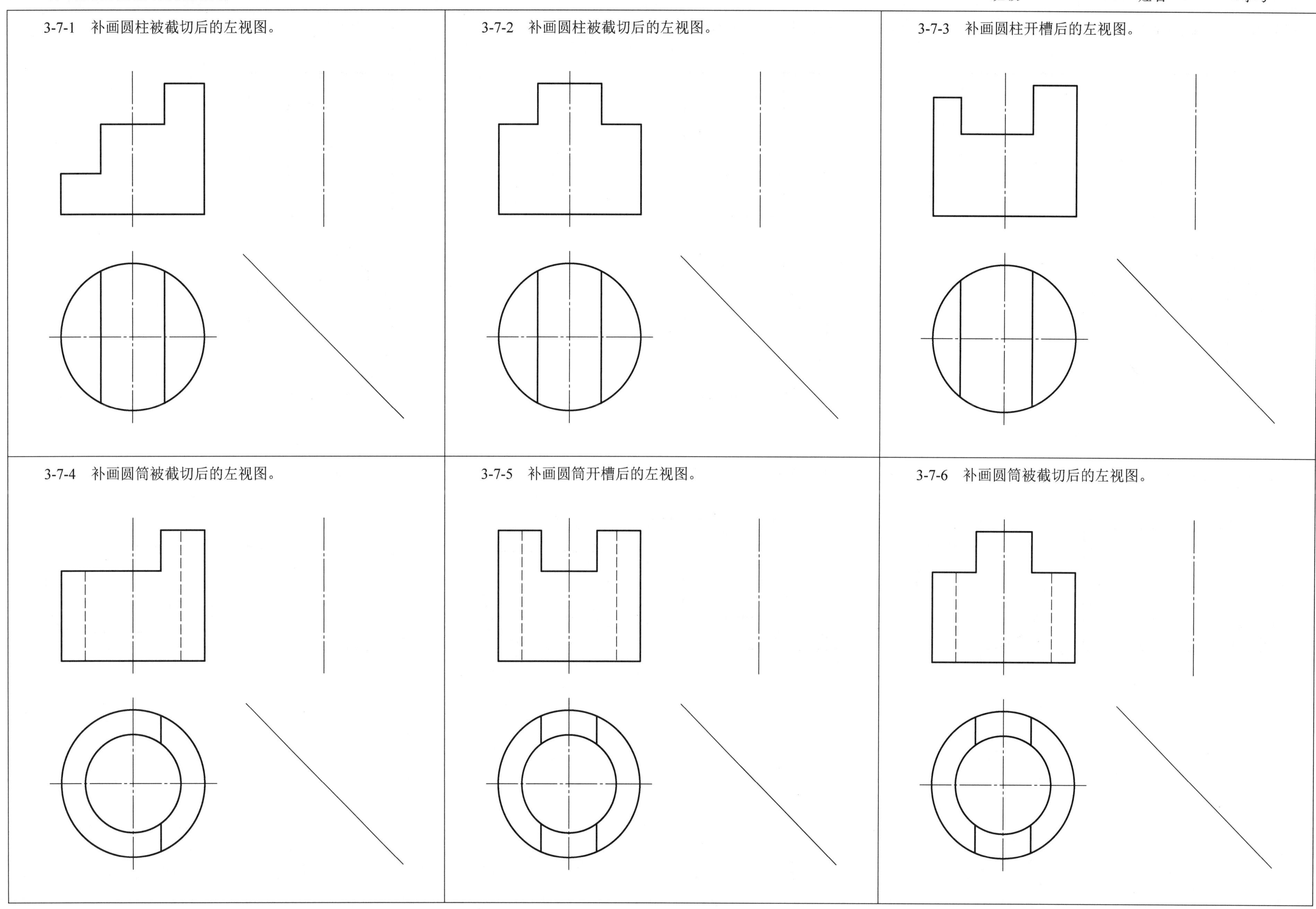
3-7-1 补画圆柱被截切后的左视图。
3-7-2 补画圆柱被截切后的左视图。
3-7-3 补画圆柱开槽后的左视图。
3-7-4 补画圆筒被截切后的左视图。
3-7-5 补画圆筒开槽后的左视图。
3-7-6 补画圆筒被截切后的左视图。

3-8　补画圆柱被截切后的投影（二）　　班级　　姓名　　学号

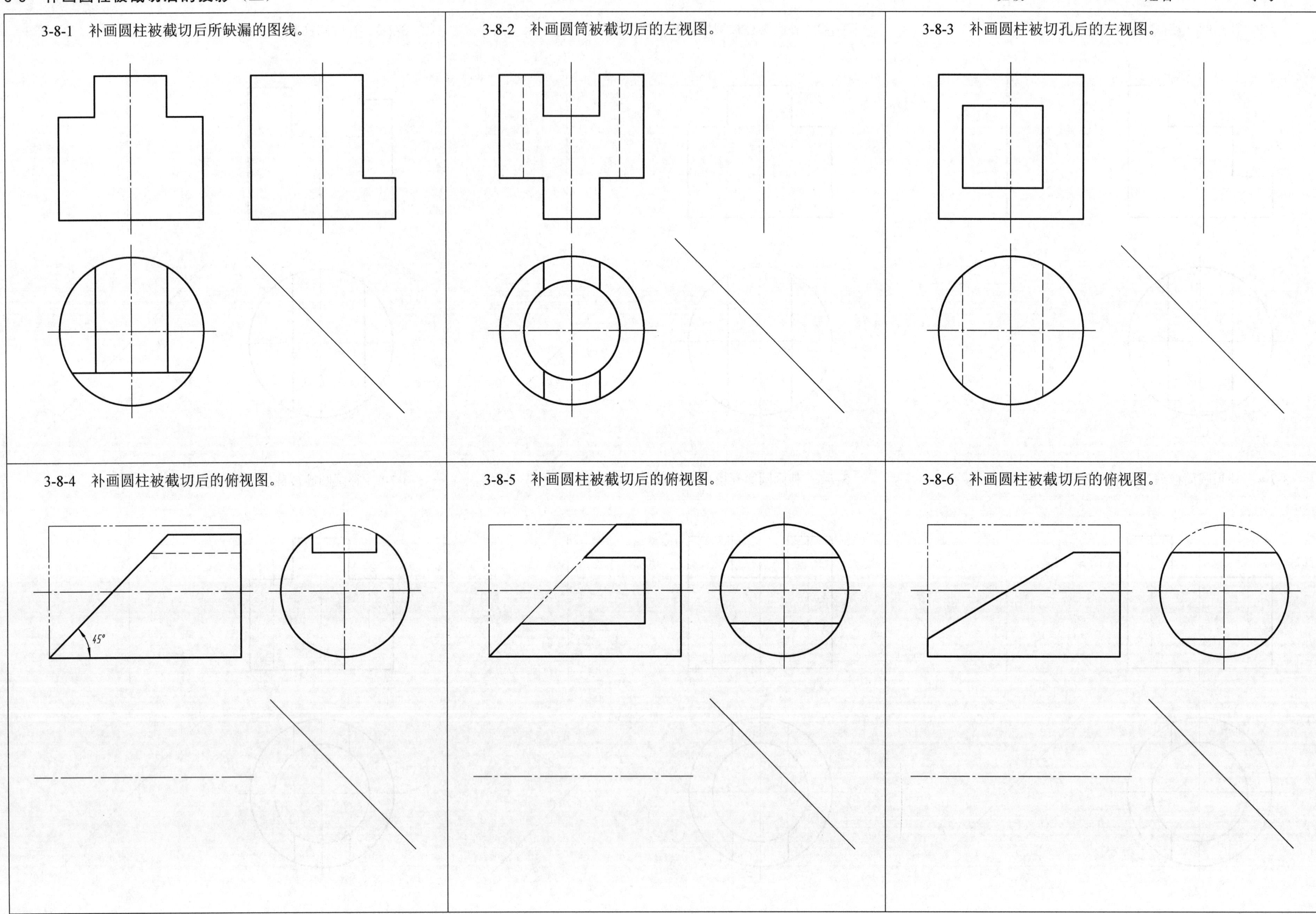

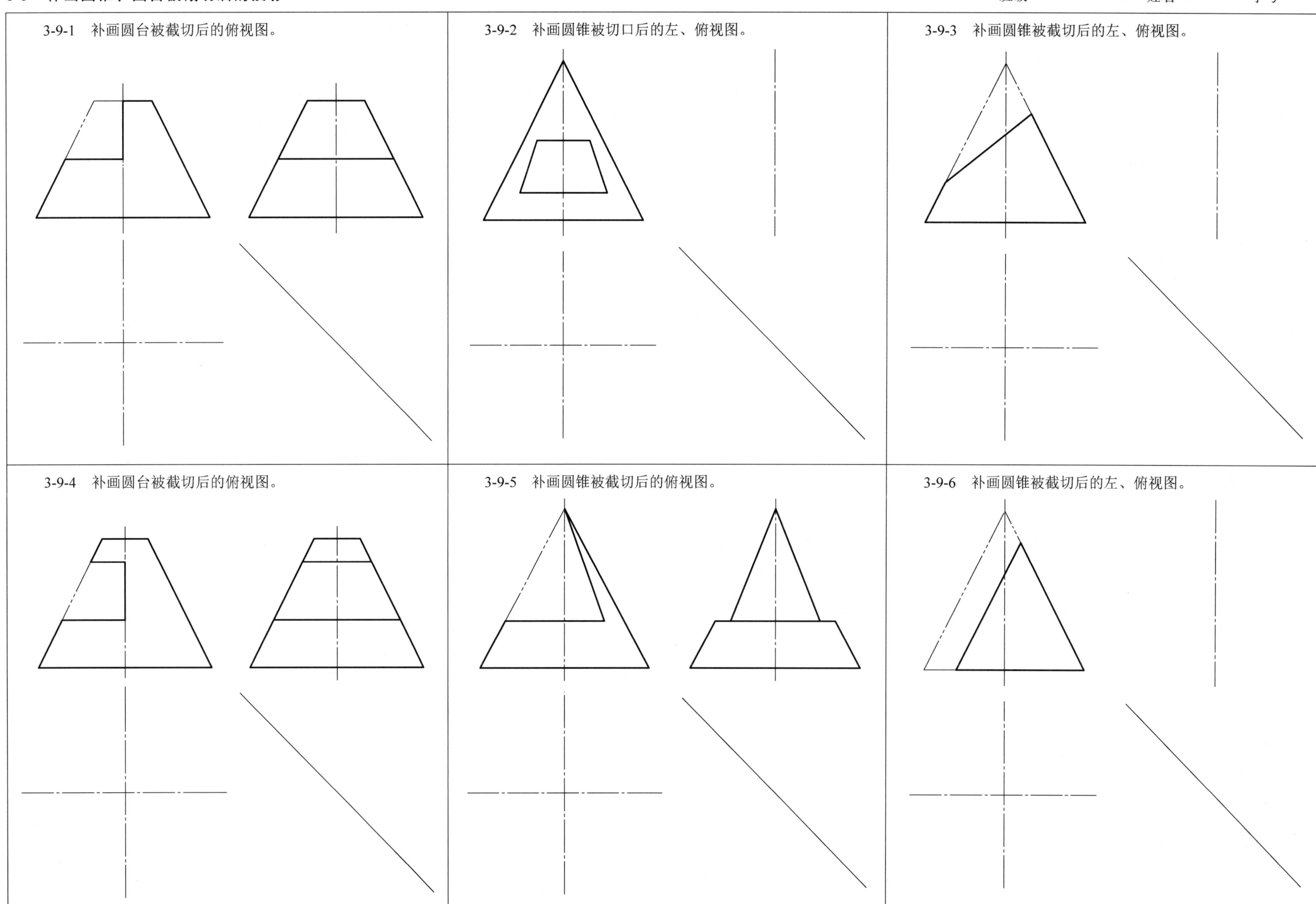
3-9-1 补画圆台被截切后的俯视图。
3-9-2 补画圆锥被切口后的左、俯视图。
3-9-3 补画圆锥被截切后的左、俯视图。
3-9-4 补画圆台被截切后的俯视图。
3-9-5 补画圆锥被截切后的俯视图。
3-9-6 补画圆锥被截切后的左、俯视图。

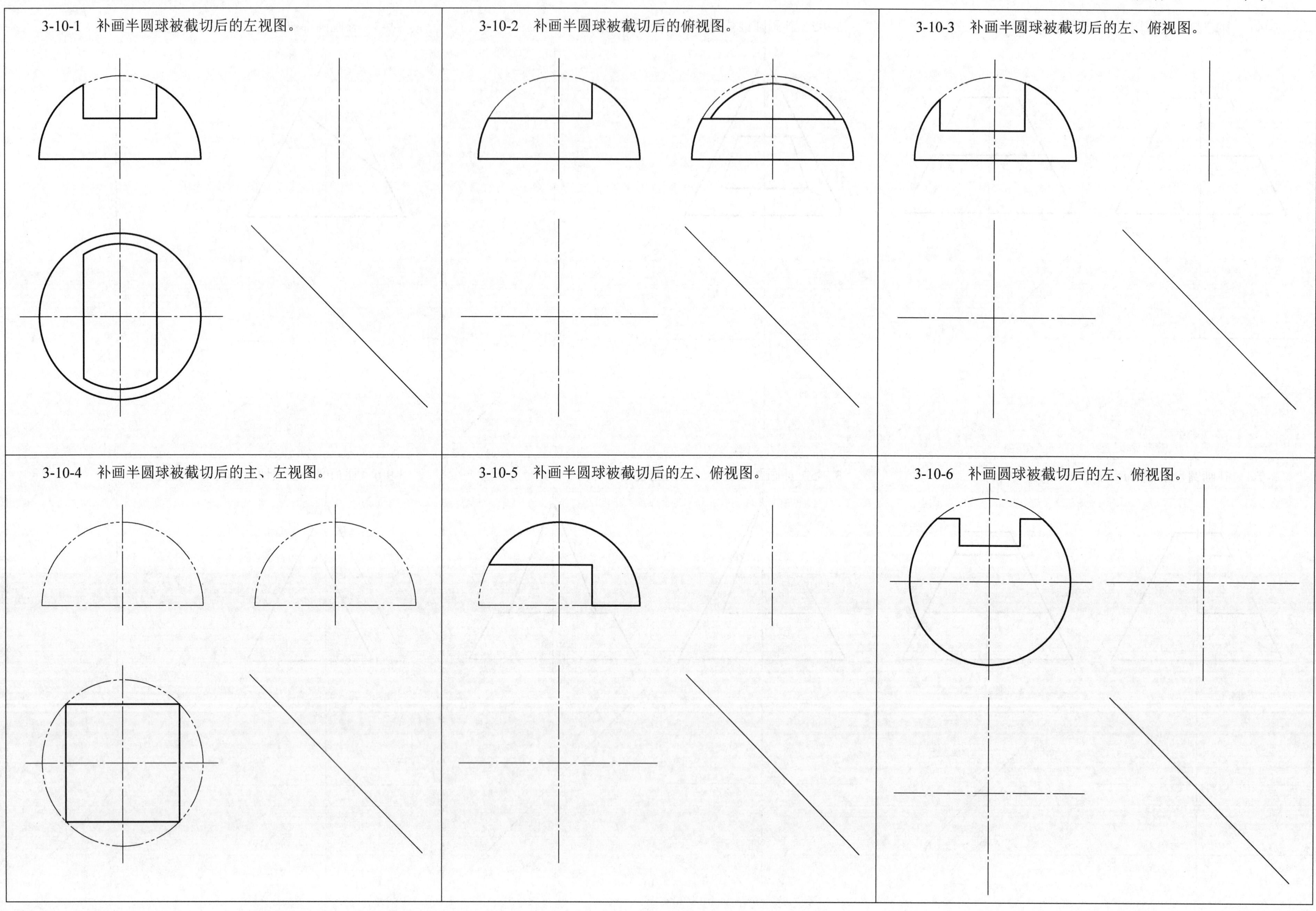
3-10-1 补画半圆球被截切后的左视图。
3-10-2 补画半圆球被截切后的俯视图。
3-10-3 补画半圆球被截切后的左、俯视图。
3-10-4 补画半圆球被截切后的主、左视图。
3-10-5 补画半圆球被截切后的左、俯视图。
3-10-6 补画圆球被截切后的左、俯视图。

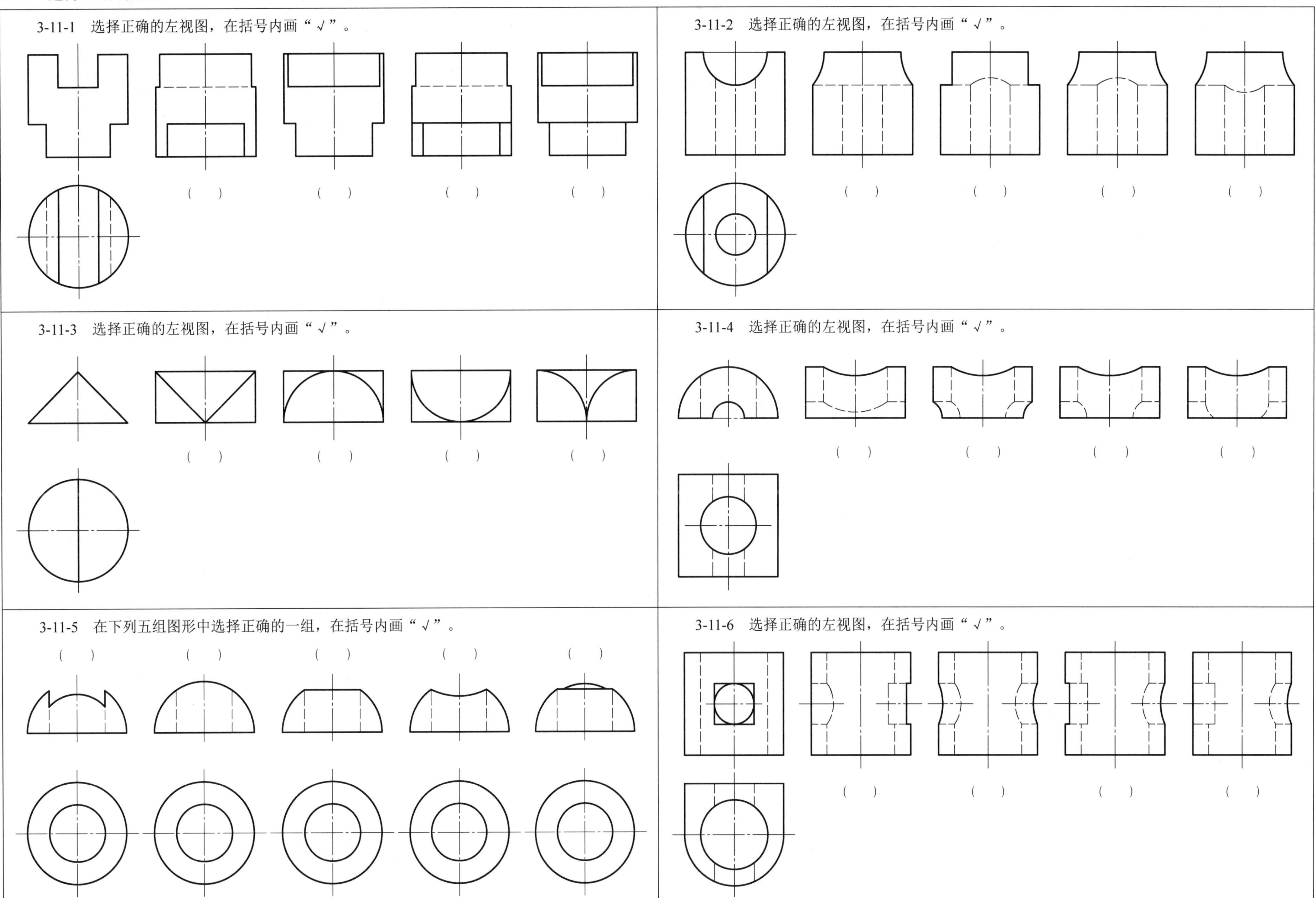
3-11-1 选择正确的左视图，在括号内画“√”。
（　）（　）（　）（　）
3-11-2 选择正确的左视图，在括号内画“√”。
（　）（　）（　）（　）
3-11-3 选择正确的左视图，在括号内画“√”。
（　）（　）（　）（　）
3-11-4 选择正确的左视图，在括号内画“√”。
（　）（　）（　）（　）
3-11-5 在下列五组图形中选择正确的一组，在括号内画“√”。
（　）（　）（　）（　）（　）
3-11-6 选择正确的左视图，在括号内画“√”。
（　）（　）（　）（　）

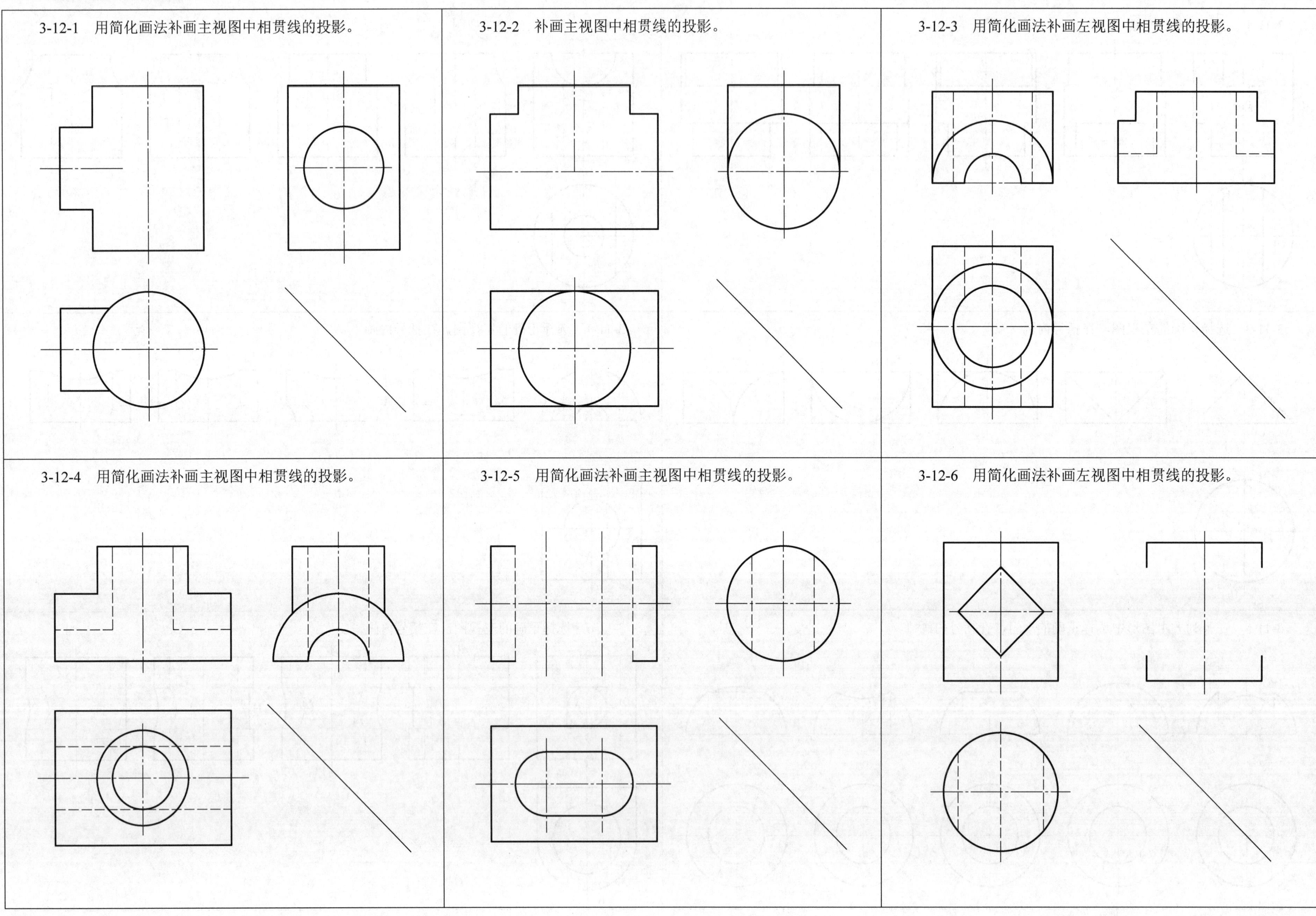
3-12-1 用简化画法补画主视图中相贯线的投影。
3-12-2 补画主视图中相贯线的投影。
3-12-3 用简化画法补画左视图中相贯线的投影。
3-12-4 用简化画法补画主视图中相贯线的投影。
3-12-5 用简化画法补画主视图中相贯线的投影。
3-12-6 用简化画法补画左视图中相贯线的投影。

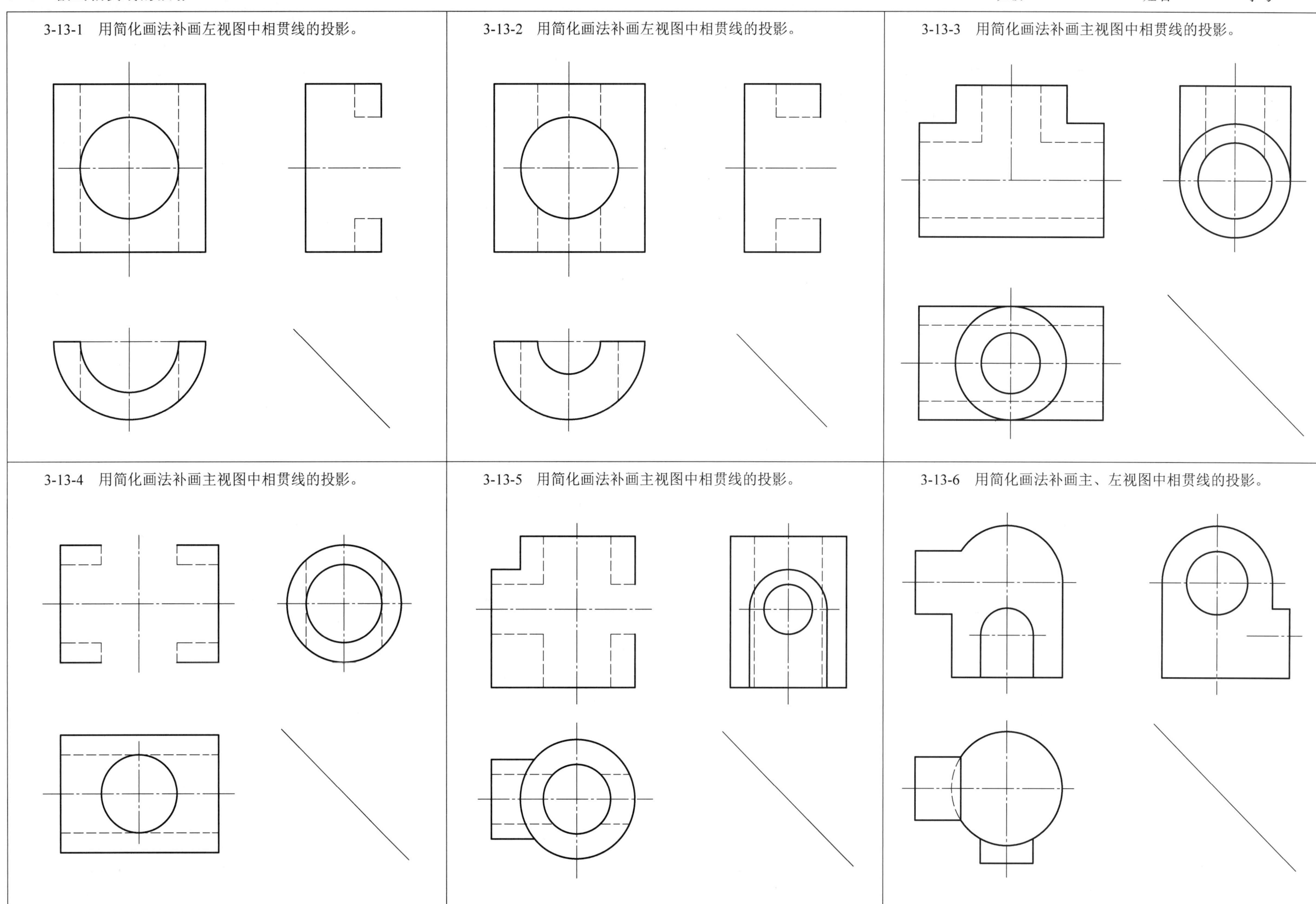
3-13-1 用简化画法补画左视图中相贯线的投影。
3-13-2 用简化画法补画左视图中相贯线的投影。
3-13-3 用简化画法补画主视图中相贯线的投影。
3-13-4 用简化画法补画主视图中相贯线的投影。
3-13-5 用简化画法补画主视图中相贯线的投影。
3-13-6 用简化画法补画主、左视图中相贯线的投影。

3-14 补画相贯线的投影和缺漏的图线

班级　　　　姓名　　　　学号

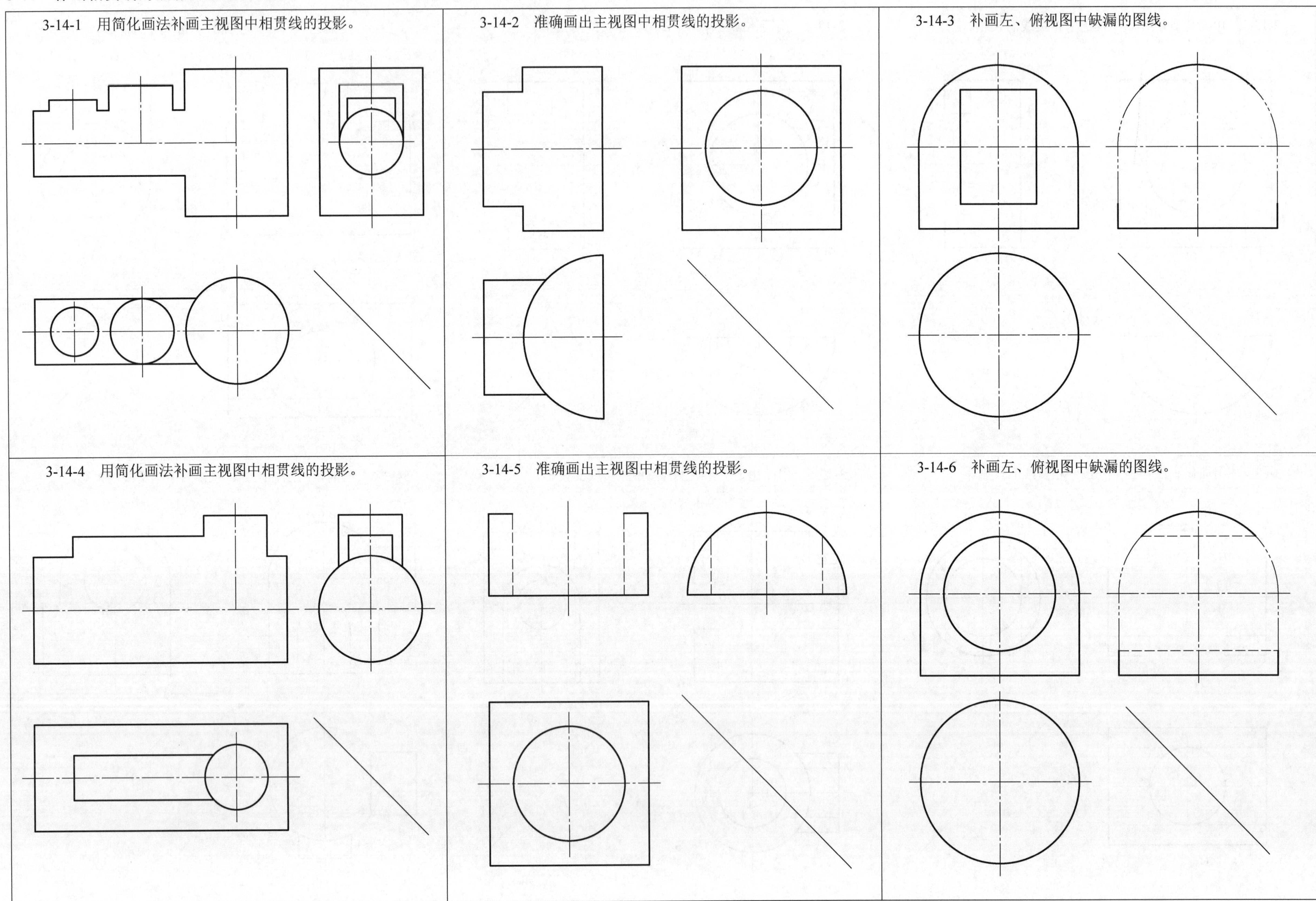

第四章 组合体和轴测图

4-1 补全视图中所缺的图线（一）

班级 姓名 学号

4-1-1

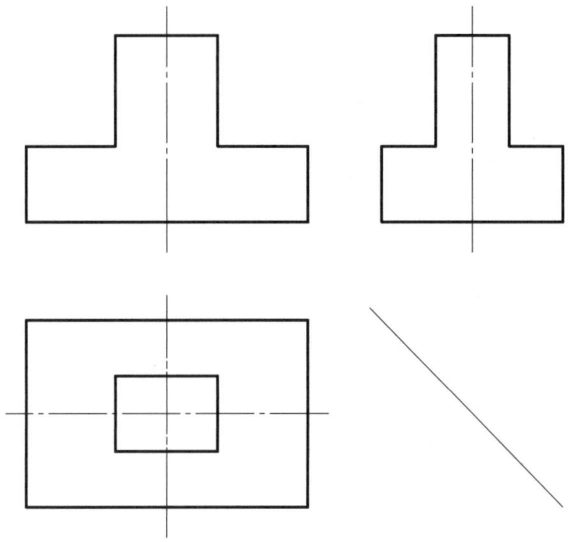

4-1-2

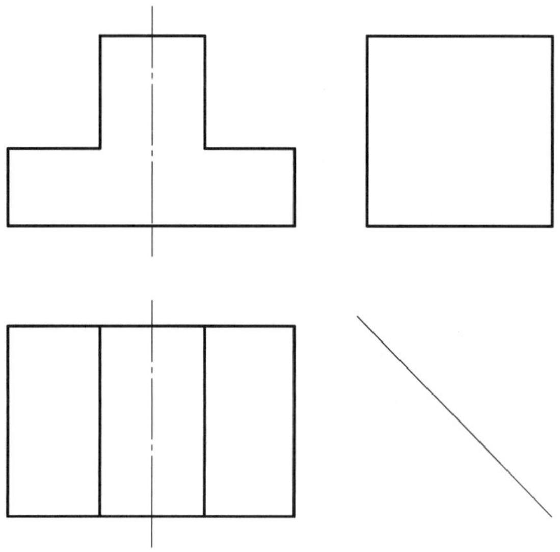

4-1-3

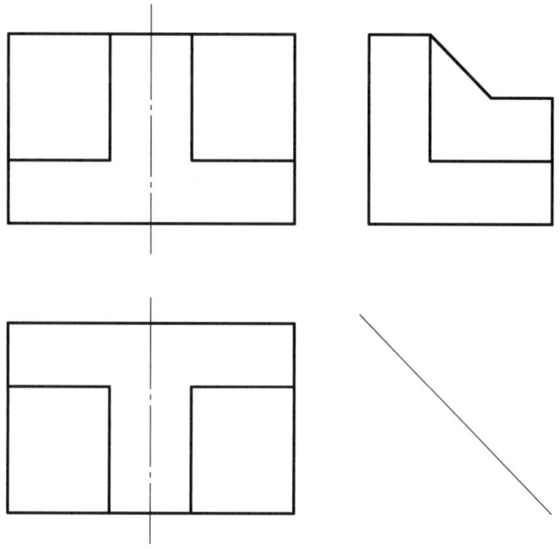

4-1-4

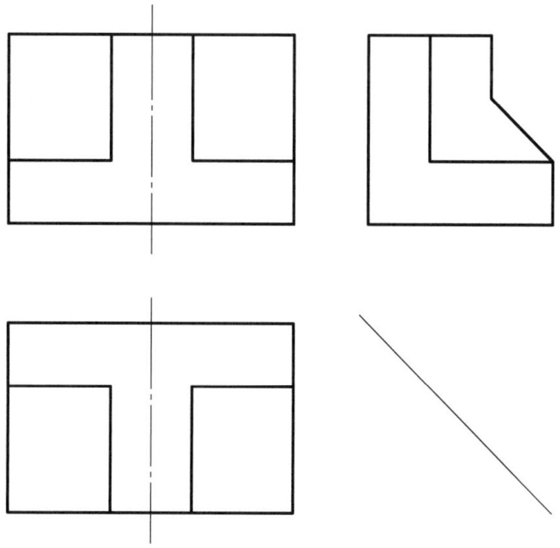

4-1-5

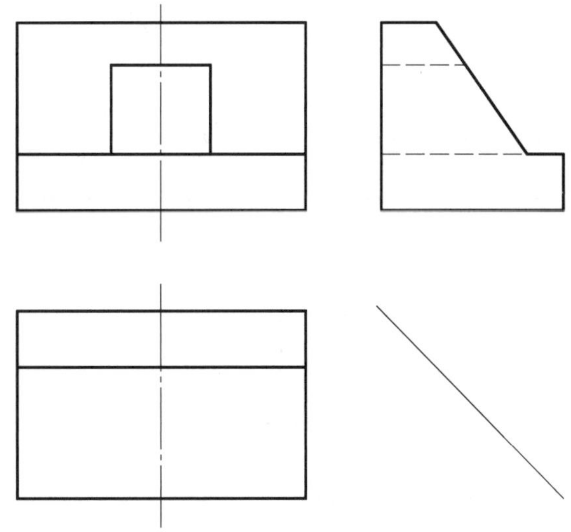

4-1-6

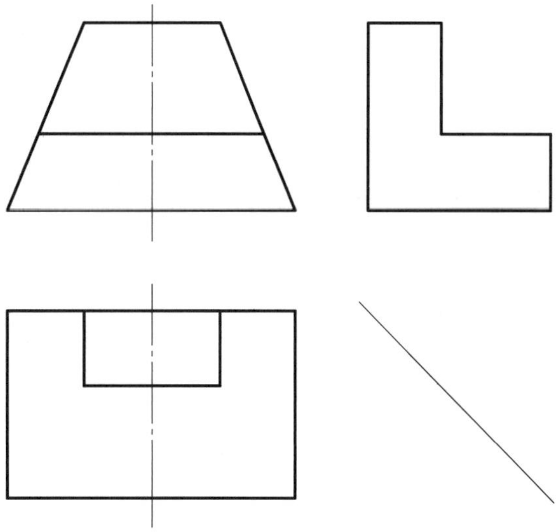

4-1-7

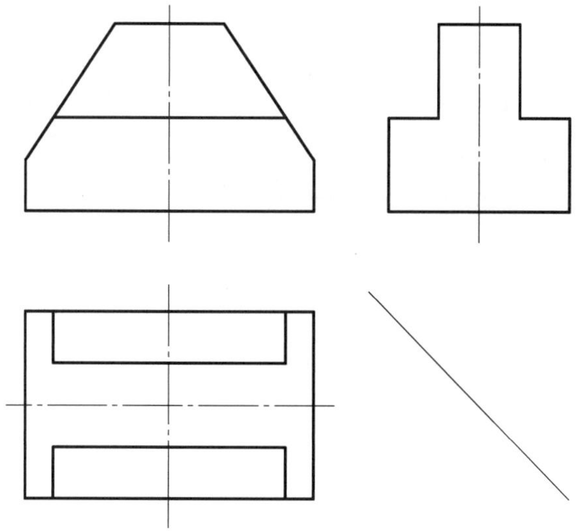

4-1-8

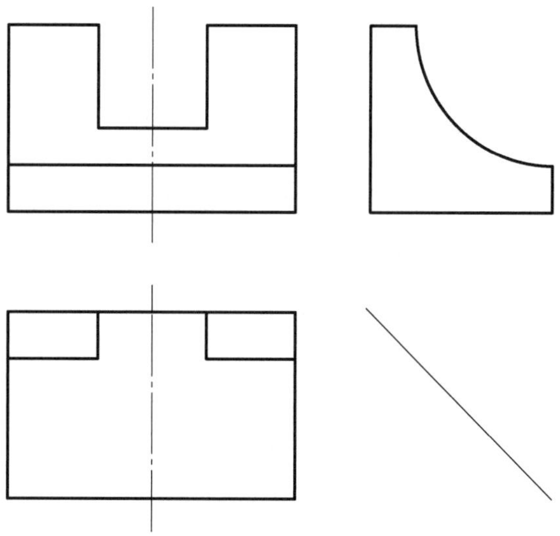

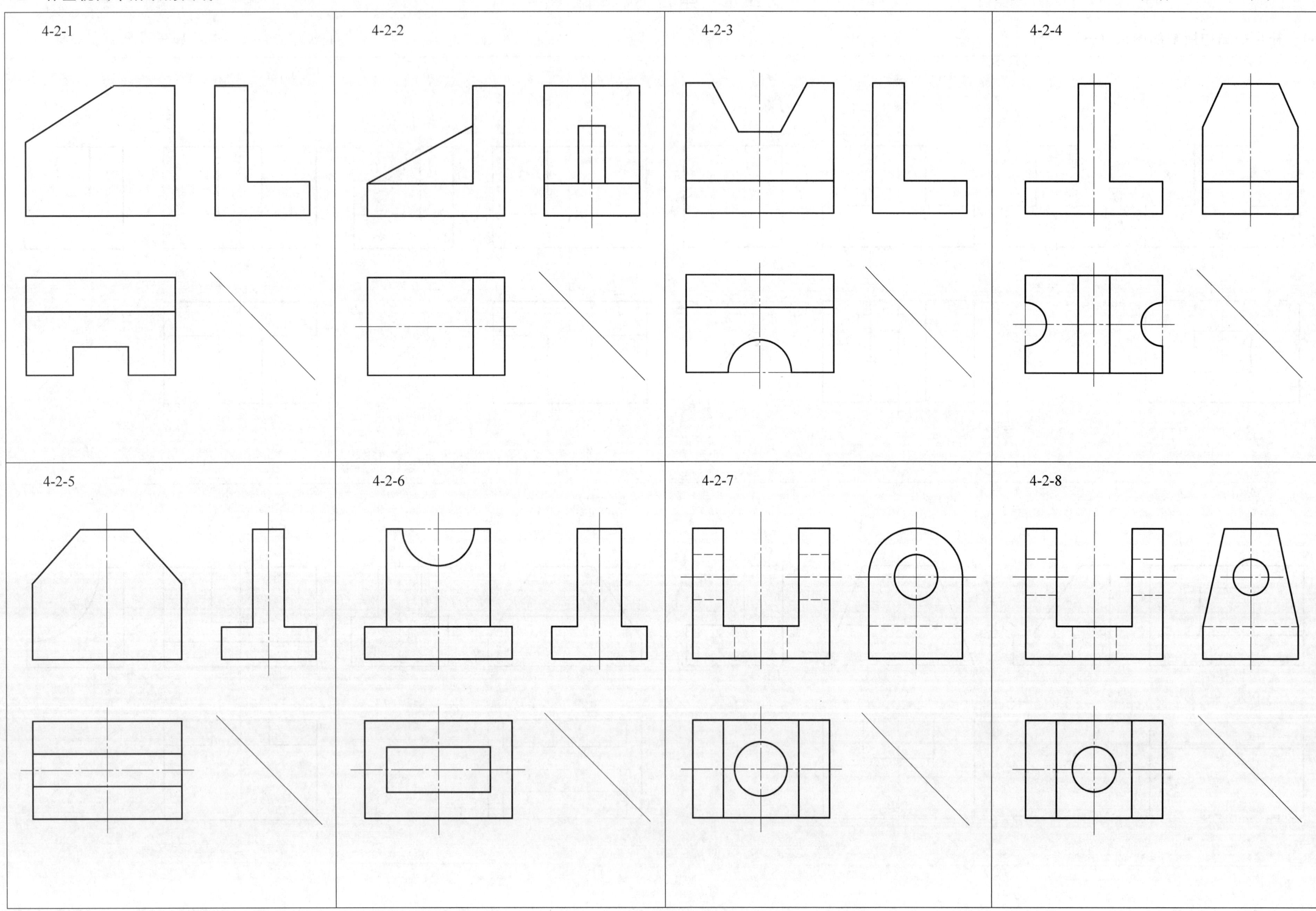
4-2-1
4-2-2
4-2-3
4-2-4
4-2-5
4-2-6
4-2-7
4-2-8

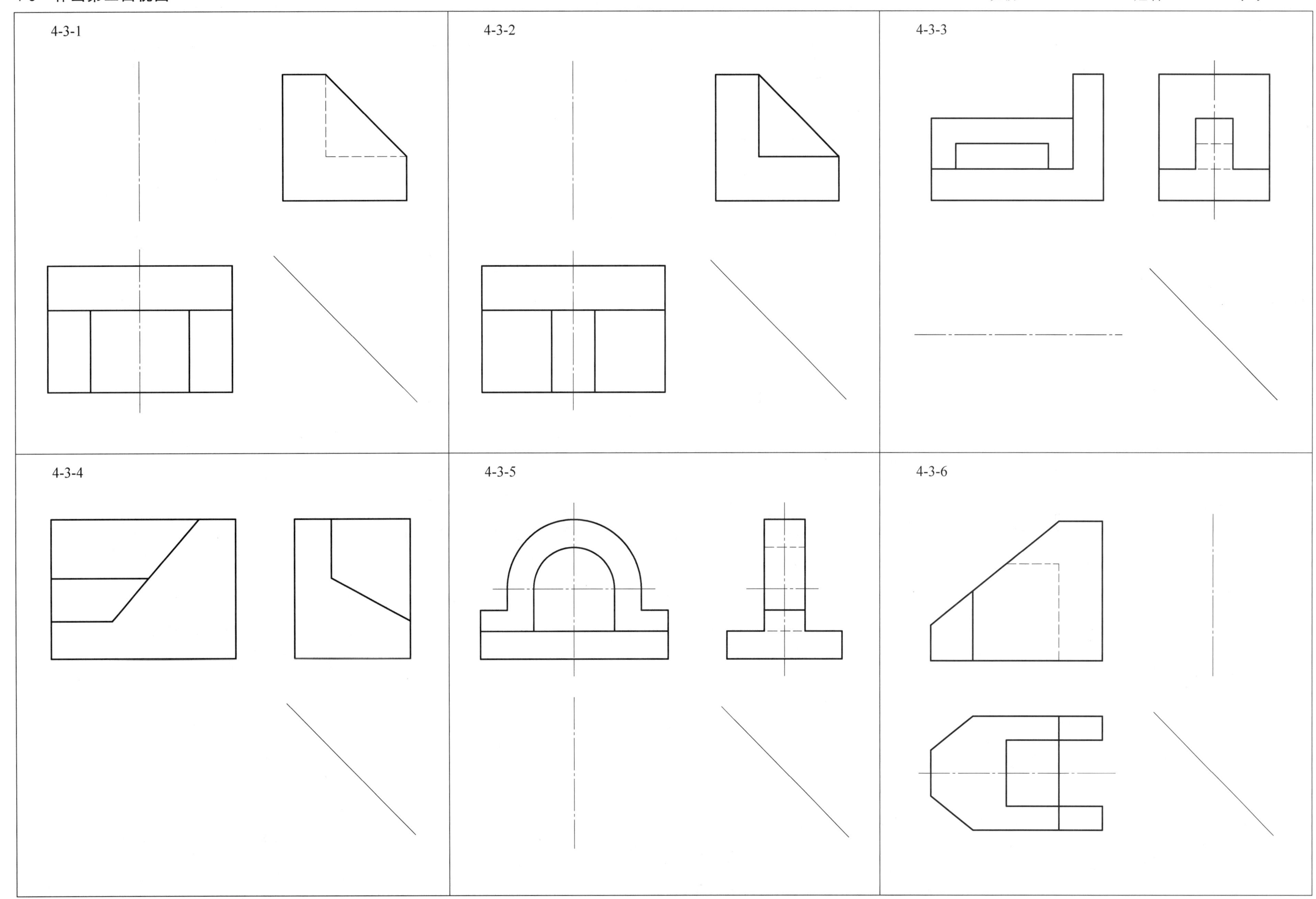
4-3-1
4-3-2
4-3-3
4-3-4
4-3-5
4-3-6

4-4-1
(a)
(b)
(c)
(d)
4-4-2
(a)
(b)
(c)
(d)
4-4-3
(a)
(b)
(c)

4-5　按 1∶1 的比例画出三视图（不注尺寸）；补全漏注的尺寸；修改标注不妥的尺寸　　　　班级　　　　姓名　　　　学号

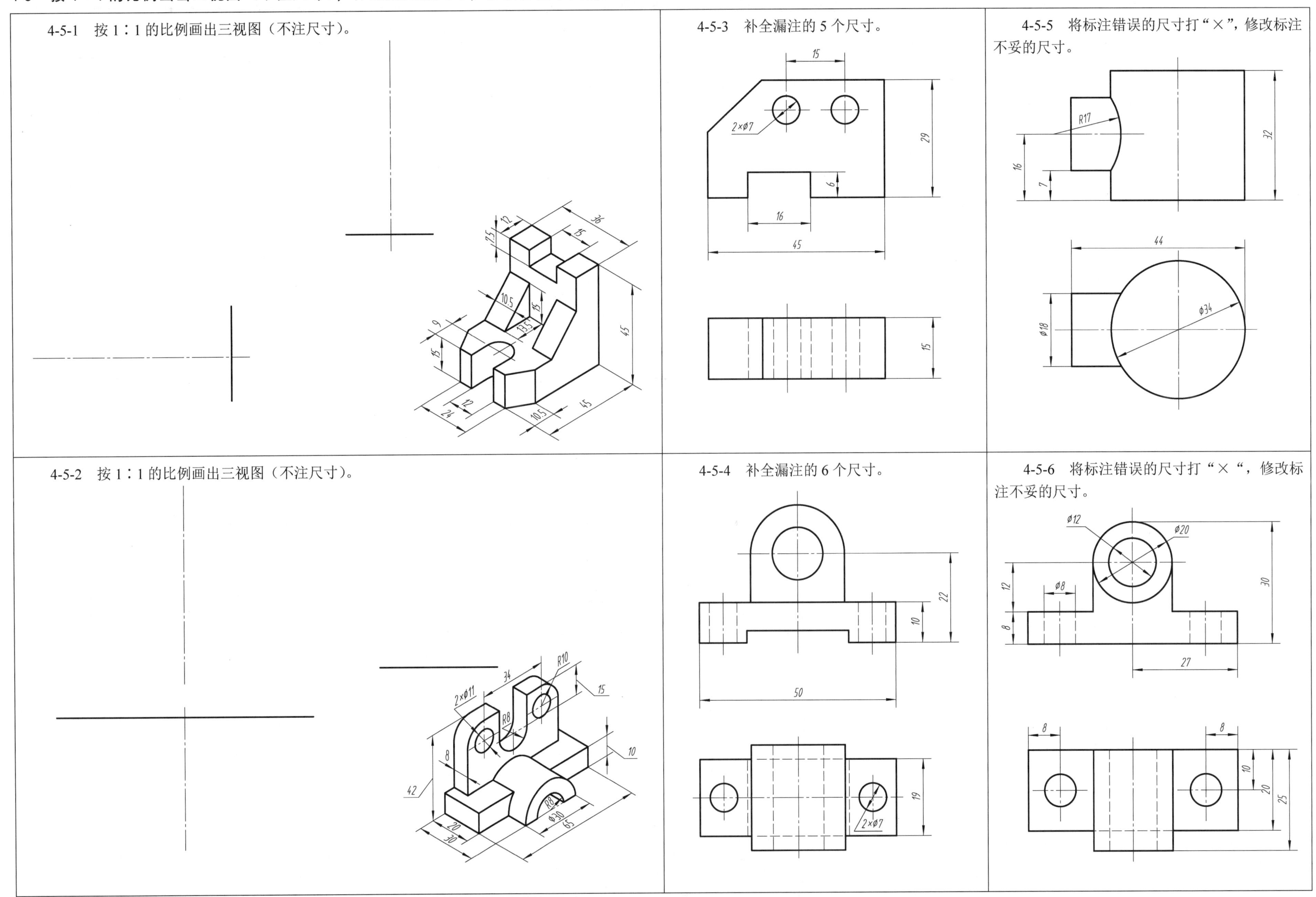

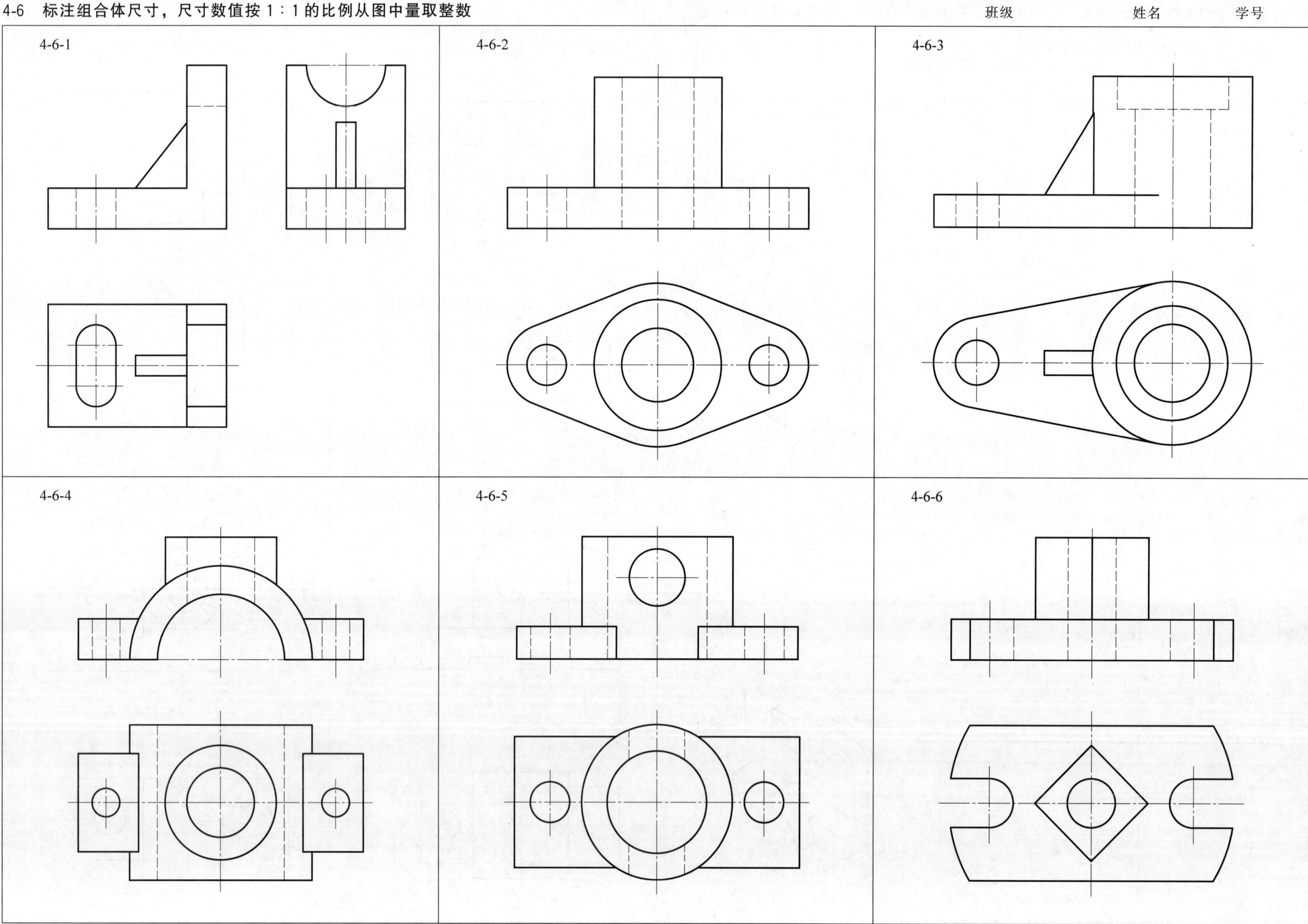
4-6-1
4-6-2
4-6-3
4-6-4
4-6-5
4-6-6

№3　作业指导书

一、目的

（1）掌握根据轴测图（或组合体模型）画三视图的方法，提高绘图技能。

（2）熟悉组合体视图的尺寸注法。

二、内容与要求

（1）根据轴测图（或组合体模型）画三视图，并标注尺寸。

（2）用 A3 或 A4 图纸，自己选定绘图比例。

三、作图步骤

（1）运用形体分析法搞清组合体的组成部分，以及各组成部分之间的相对位置和组合关系。

（2）选定主视图的投射方向。所选的主视图应能明显地表达组合体的形状特征。

（3）画底稿（底稿线要细而轻淡）。

（4）检查底稿，修正错误，擦掉多余图线。

（5）依次描深图线，标注尺寸，填写标题栏。

四、注意事项

（1）图形布置要匀称，留出标注尺寸的位置。先依据图纸幅面、绘图比例和组合体的总体尺寸大致布图，再画出作图基准线（如组合体的底面或顶面、端面的投影，对称中心线等），确定三个视图的具体位置。

（2）正确运用形体分析法，按组合体的组成部分，一部分一部分地画。每一部分都应按其长、宽、高在三个视图上同步画底稿，以提高绘图速度。不要先画出一个完整的视图，再画另一个视图。

（3）标注尺寸时，不能照搬轴测图上的尺寸注法，应按标注三类尺寸的要求进行。

4-7-1　轴测图图例。

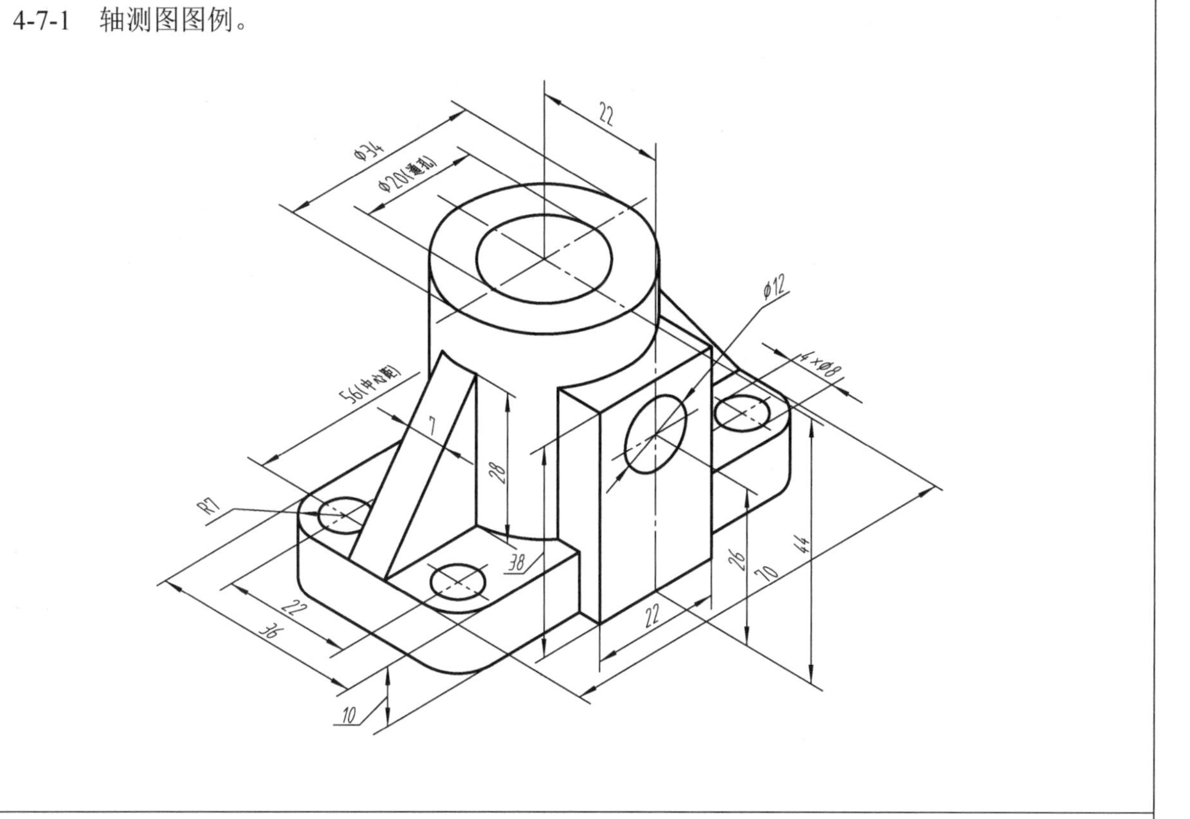

4-7-2　轴测图图例。

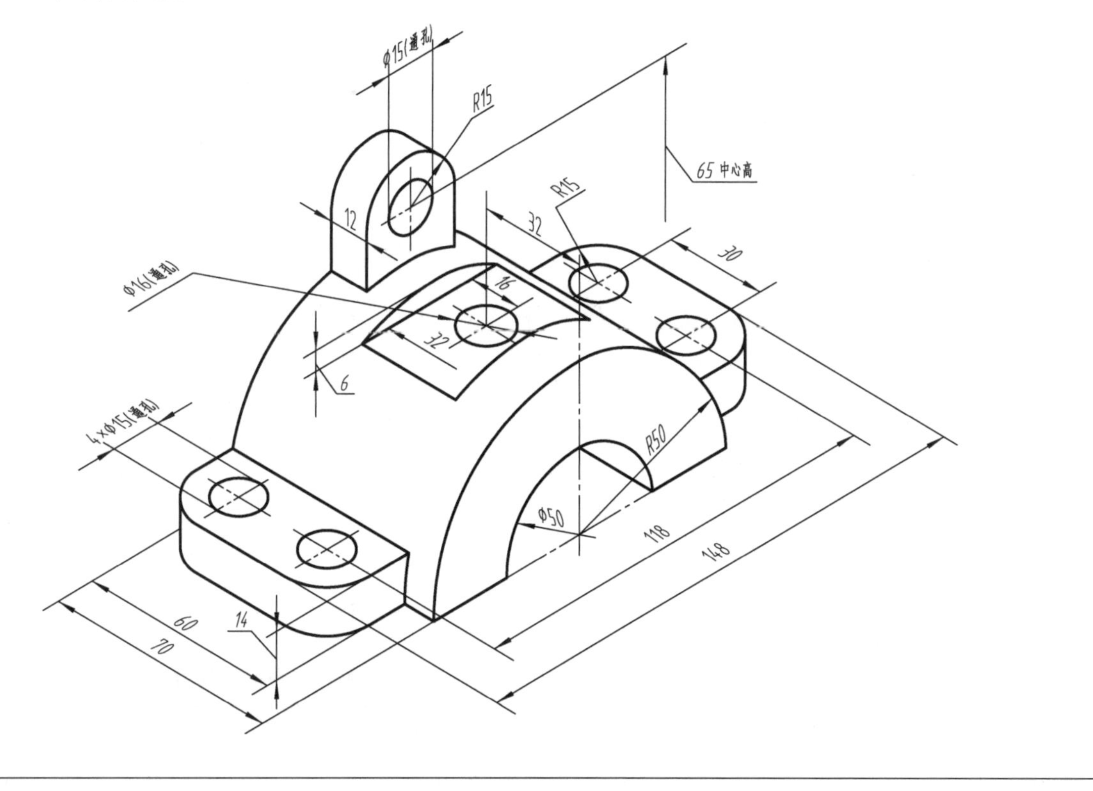

4-8　根据各组两个黑色视图，判断红色视图是否正确，在正确视图对应的括号内画“√”　　班级　　姓名　　学号

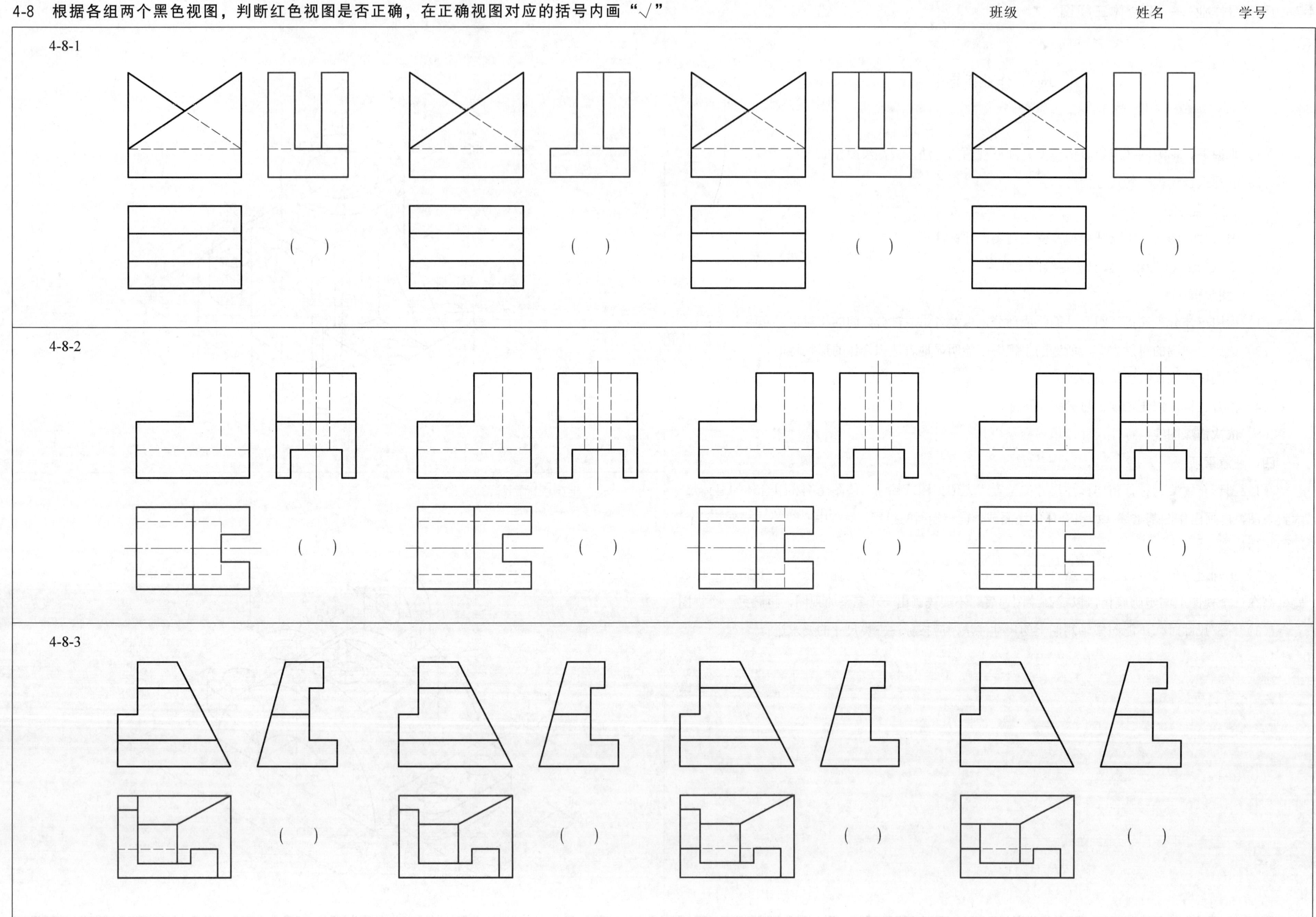

4-9　补画视图中所缺的图线（一）　　班级　　姓名　　学号

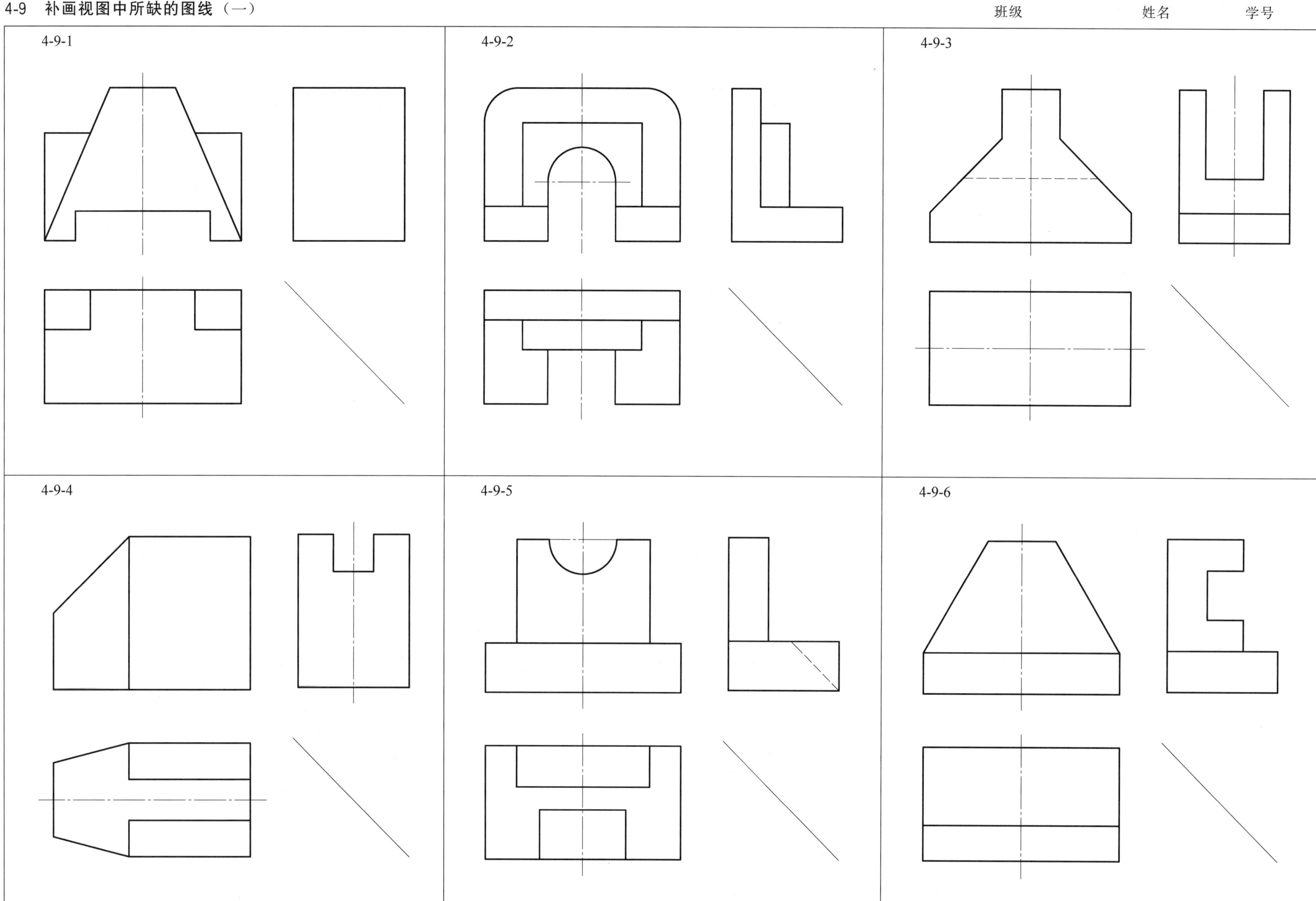

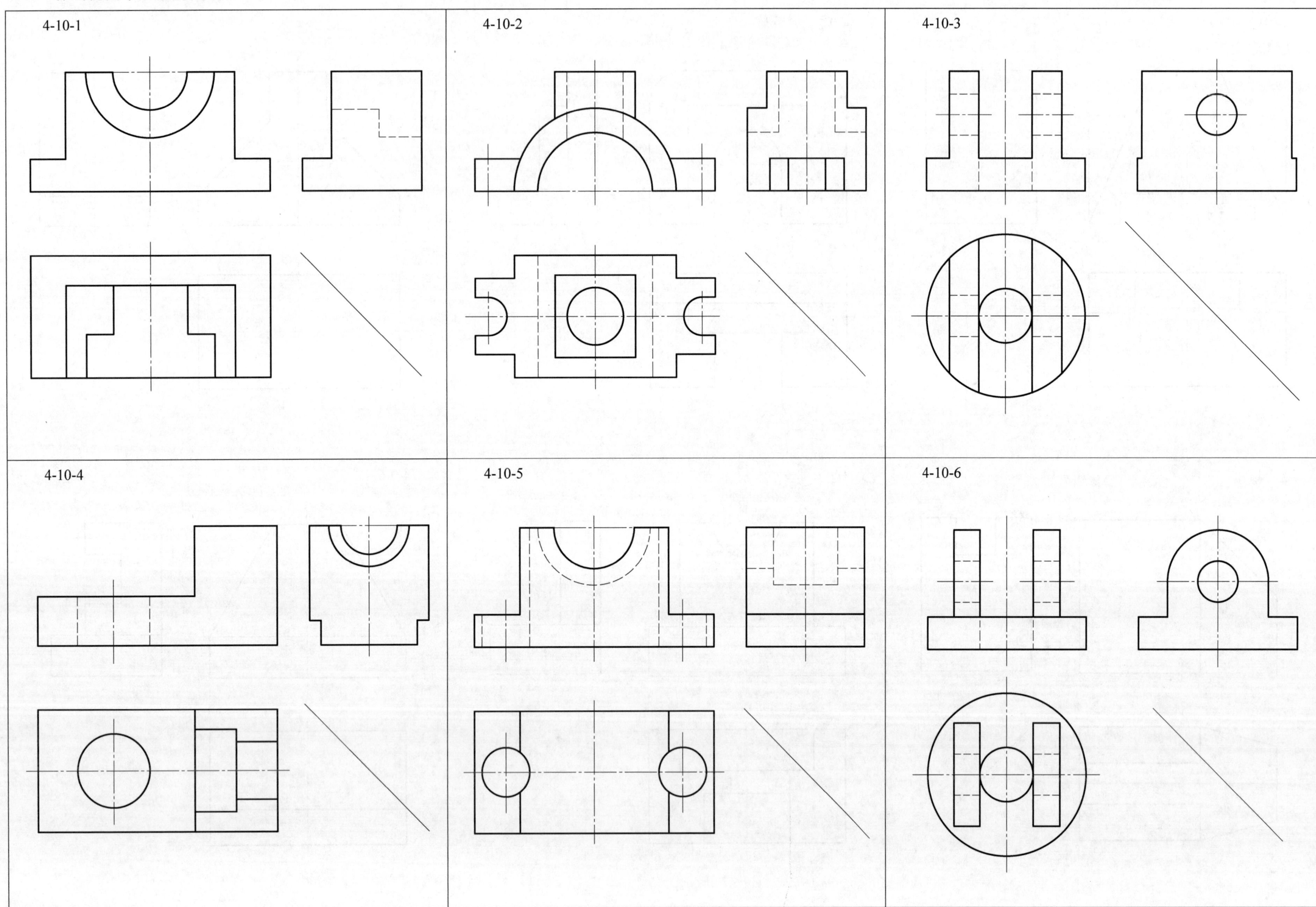
4-10-1
4-10-2
4-10-3
4-10-4
4-10-5
4-10-6

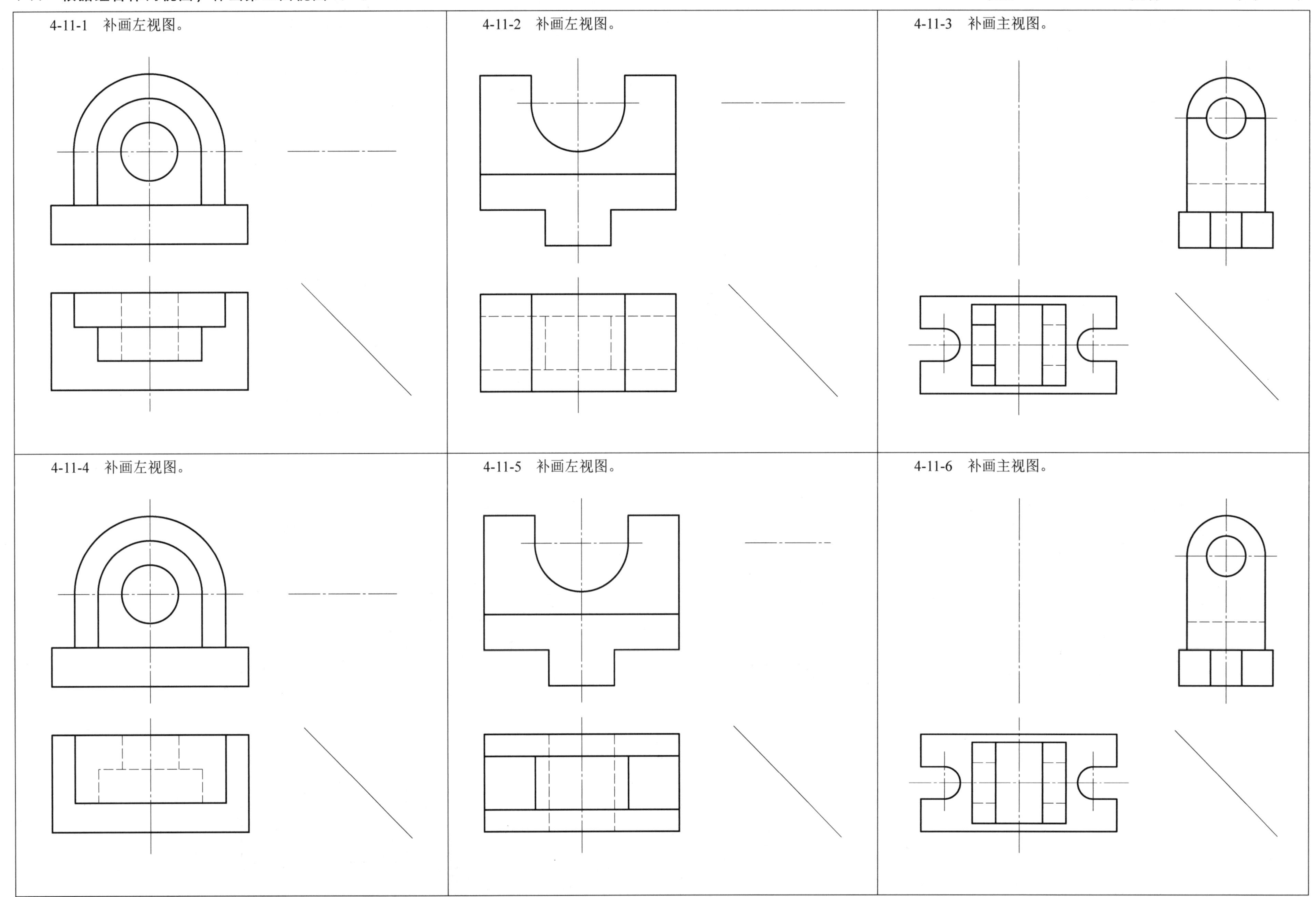
4-11-1 补画左视图。
4-11-2 补画左视图。
4-11-3 补画主视图。
4-11-4 补画左视图。
4-11-5 补画左视图。
4-11-6 补画主视图。

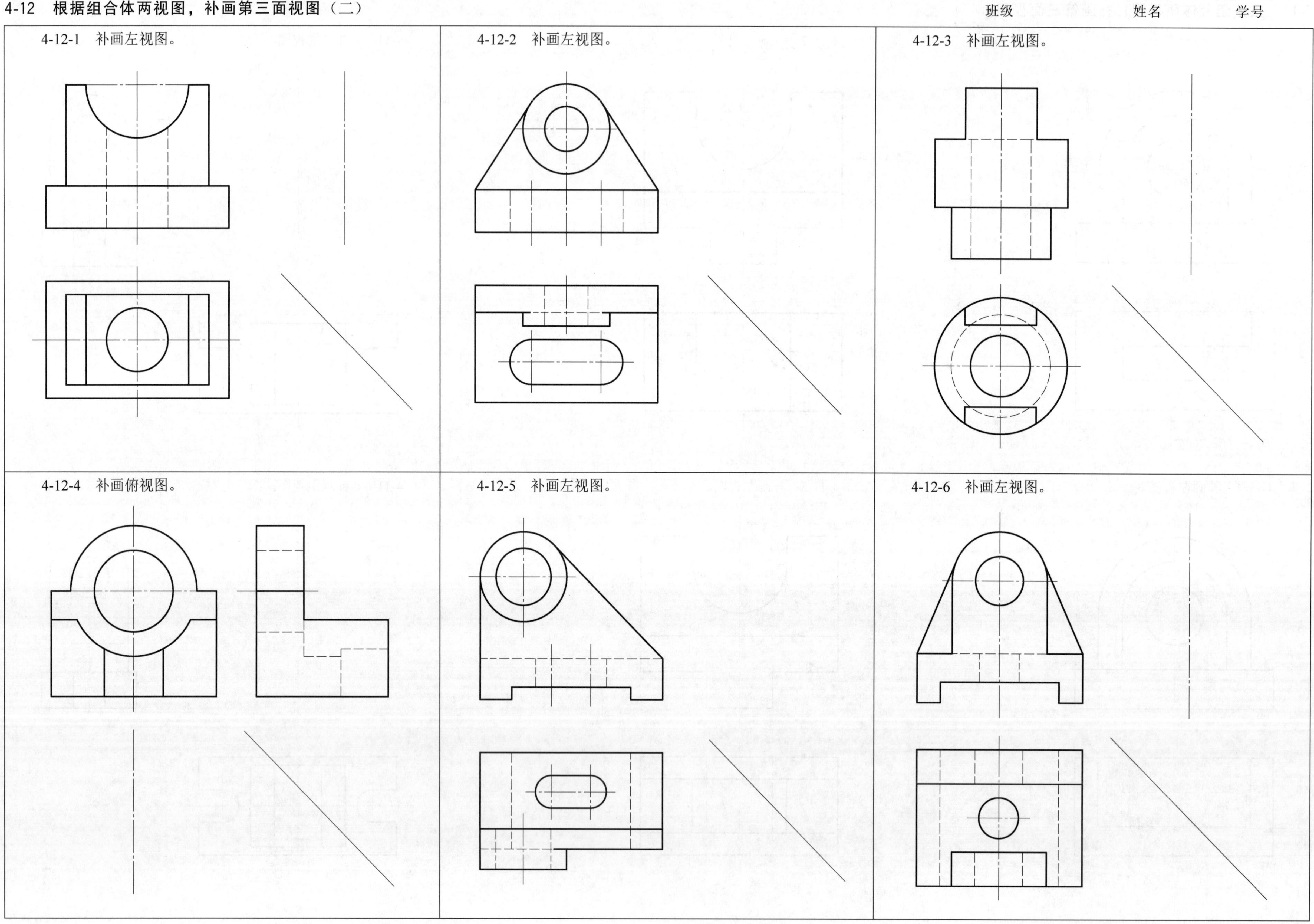
4-12-1 补画左视图。
4-12-2 补画左视图。
4-12-3 补画左视图。
4-12-4 补画俯视图。
4-12-5 补画左视图。
4-12-6 补画左视图。

4-13 根据三视图按 1∶1 的比例画出正等轴测图，尺寸从视图中量取整数 班级 姓名 学号

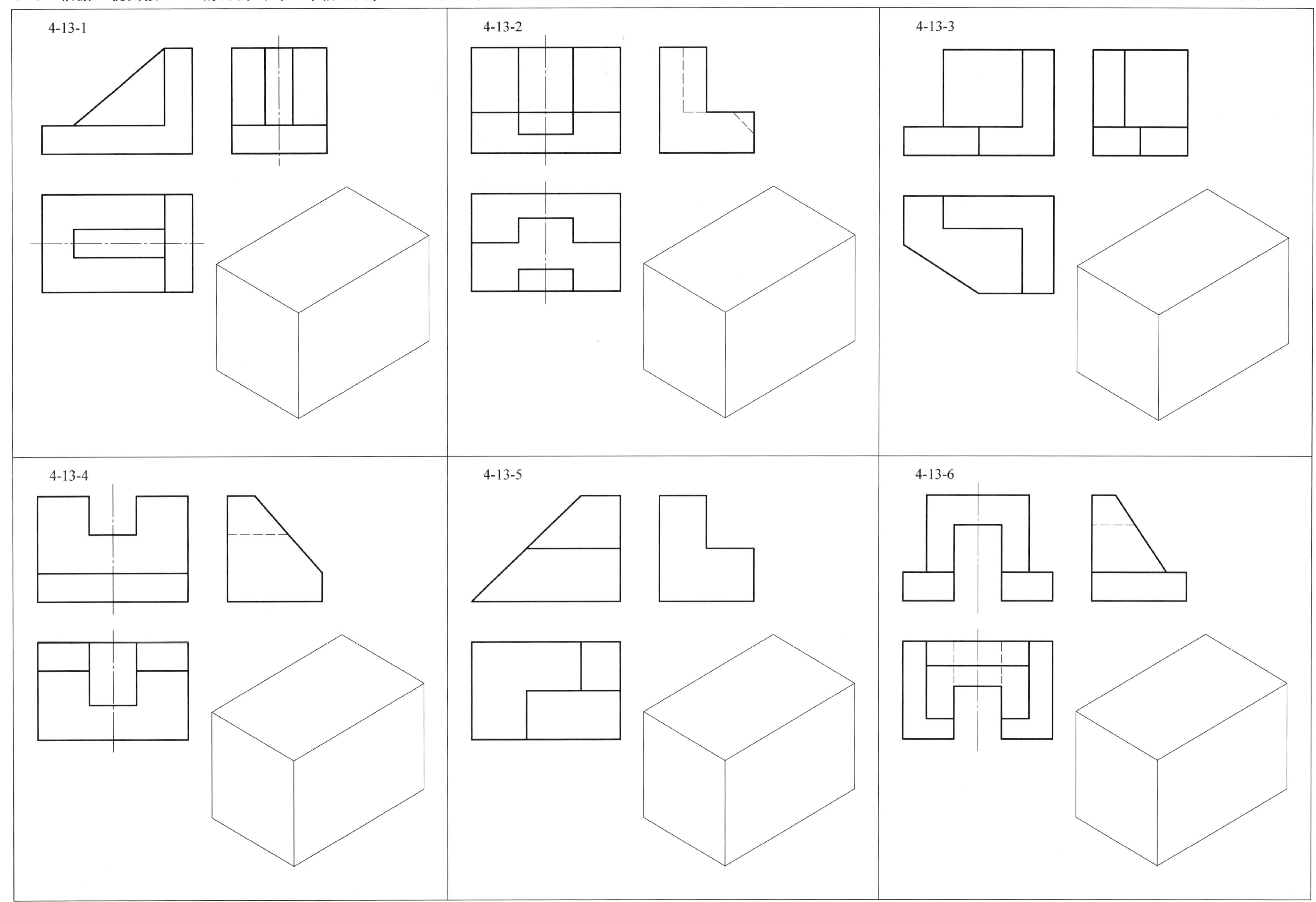

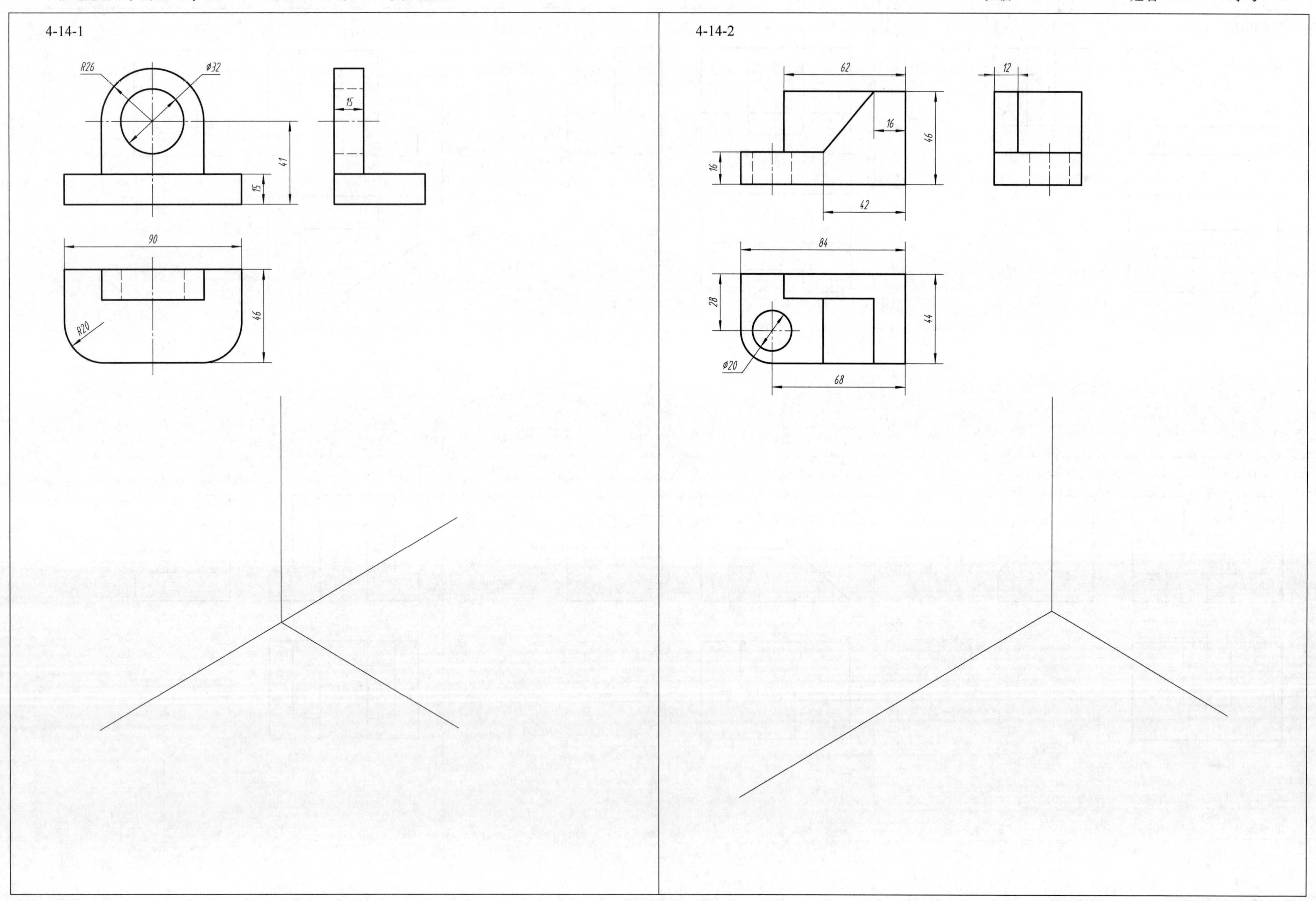
4-14-1
R26
ϕ32
15
41
15
90
46
R20
4-14-2
62
12
16
46
16
42
84
28
44
ϕ20
68

4-15 根据视图画出斜二等轴测图，尺寸从视图中按 1∶1 的比例量取　　班级　　姓名　　学号

第五章　图样的基本表示法

5-1　基本视图和向视图表达方法练习

班级　　　　姓名　　　　学号

5-1-1　根据主、左、俯视图，补画右、仰、后视图。

5-1-2　根据主、左、俯视图，补画右、仰、后视图，并按规定标注。

5-1-3　根据主、俯视图，找出右、仰、后视图，并按规定标注。

5-1-4　根据主、左、俯视图，补画右、仰、后视图，并按规定标注。

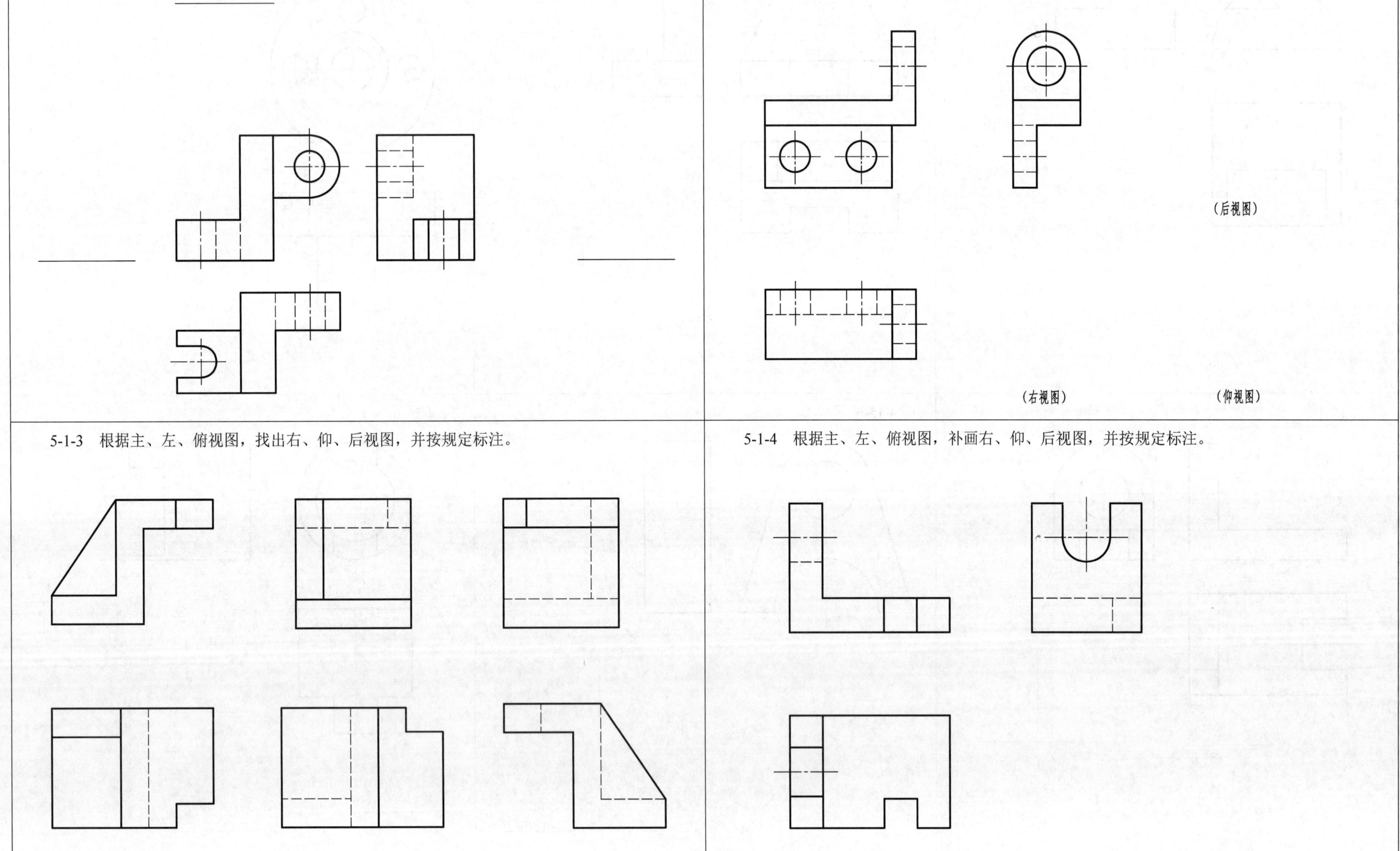

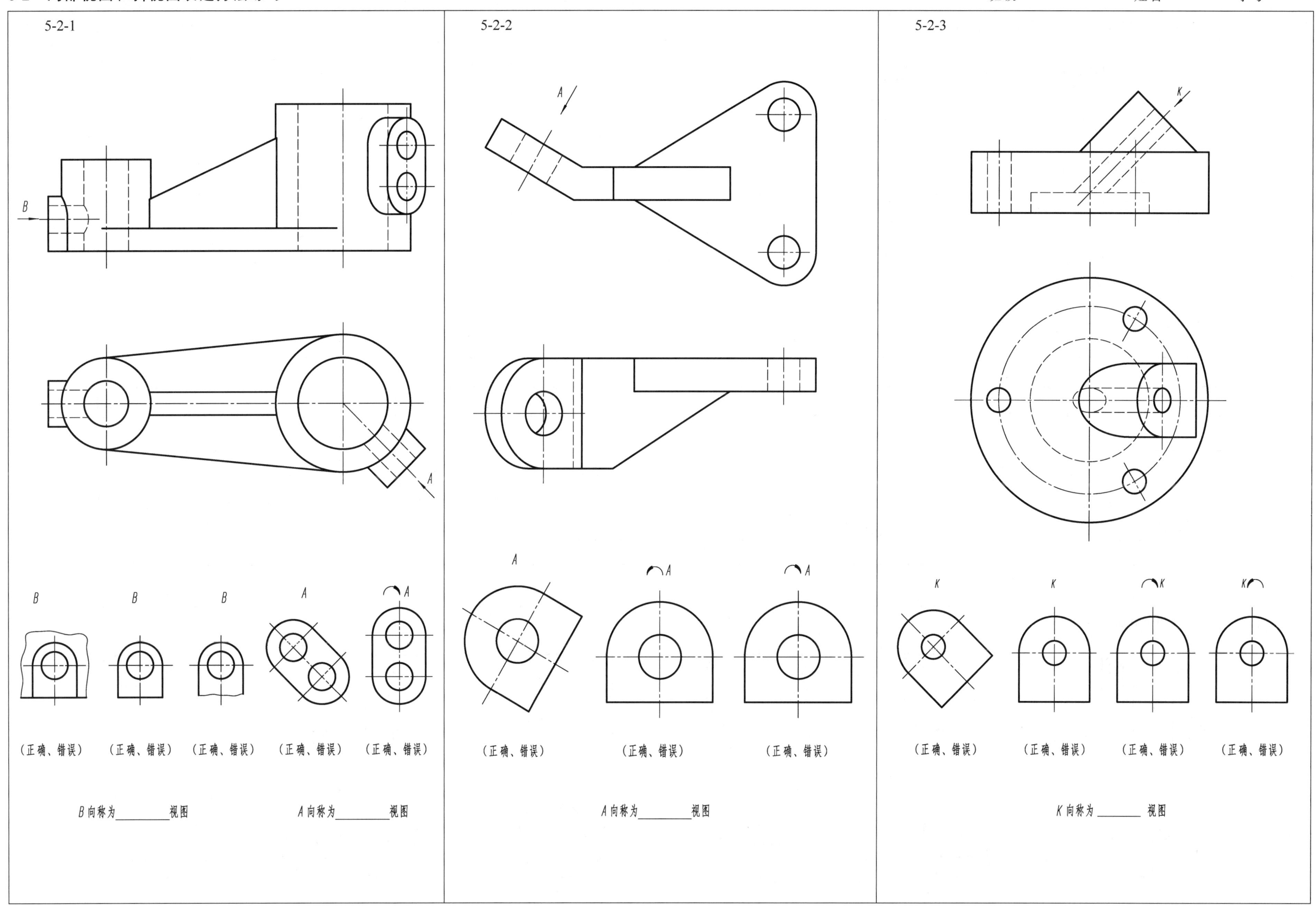
5-2-1
B
A
B
B
B
A
A
(正确、错误)
(正确、错误)
(正确、错误)
(正确、错误)
(正确、错误)
B向称为________视图
A向称为________视图
5-2-2
A
A
A
A
(正确、错误)
(正确、错误)
(正确、错误)
A向称为________视图
5-2-3
K
K
K
K
K
(正确、错误)
(正确、错误)
(正确、错误)
(正确、错误)
K向称为________视图

5-3-1 四个不同的主视图，哪一个是正确的？能说出其错误原因吗？

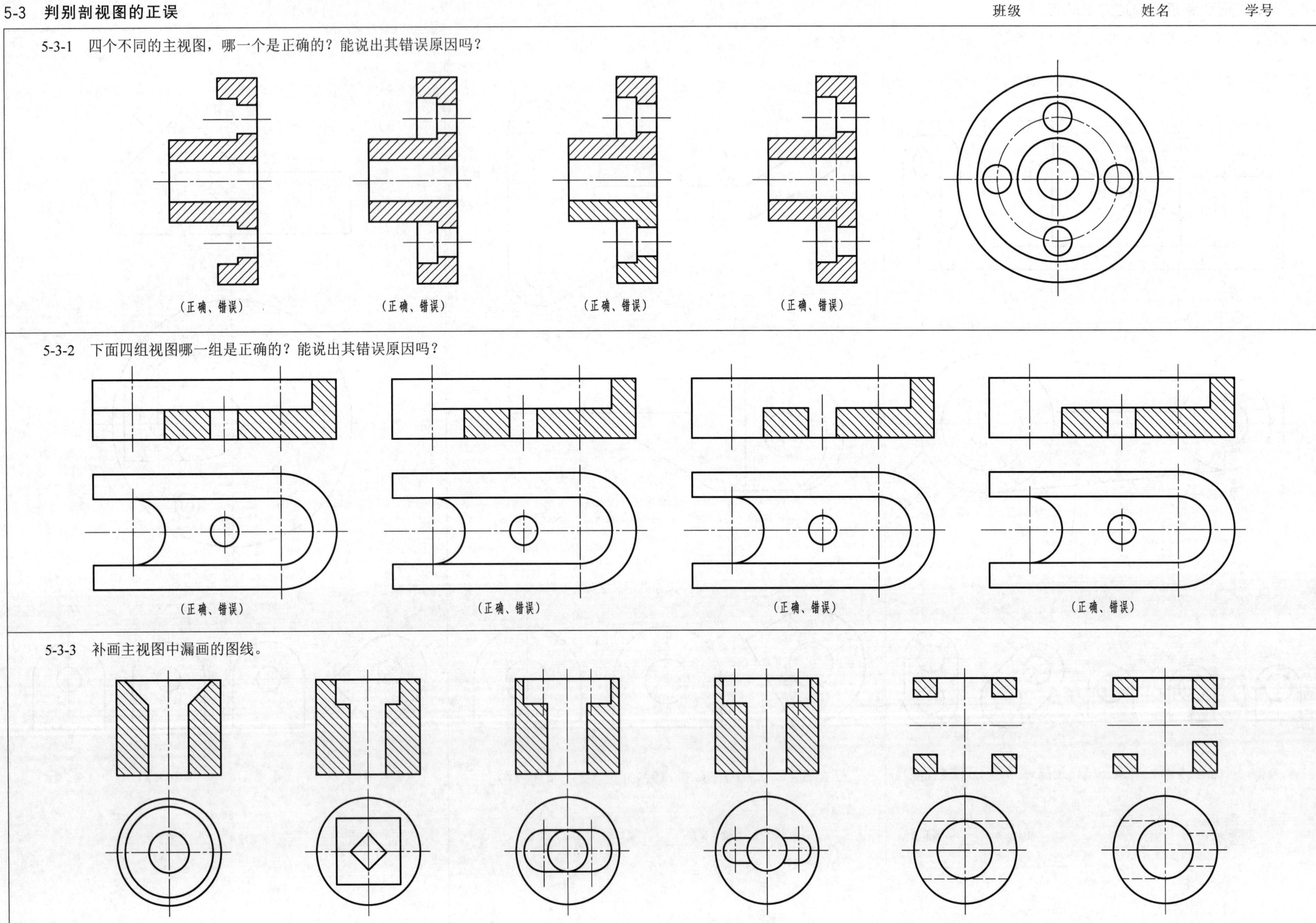

5-3-2 下面四组视图哪一组是正确的？能说出其错误原因吗？

5-3-3 补画主视图中漏画的图线。

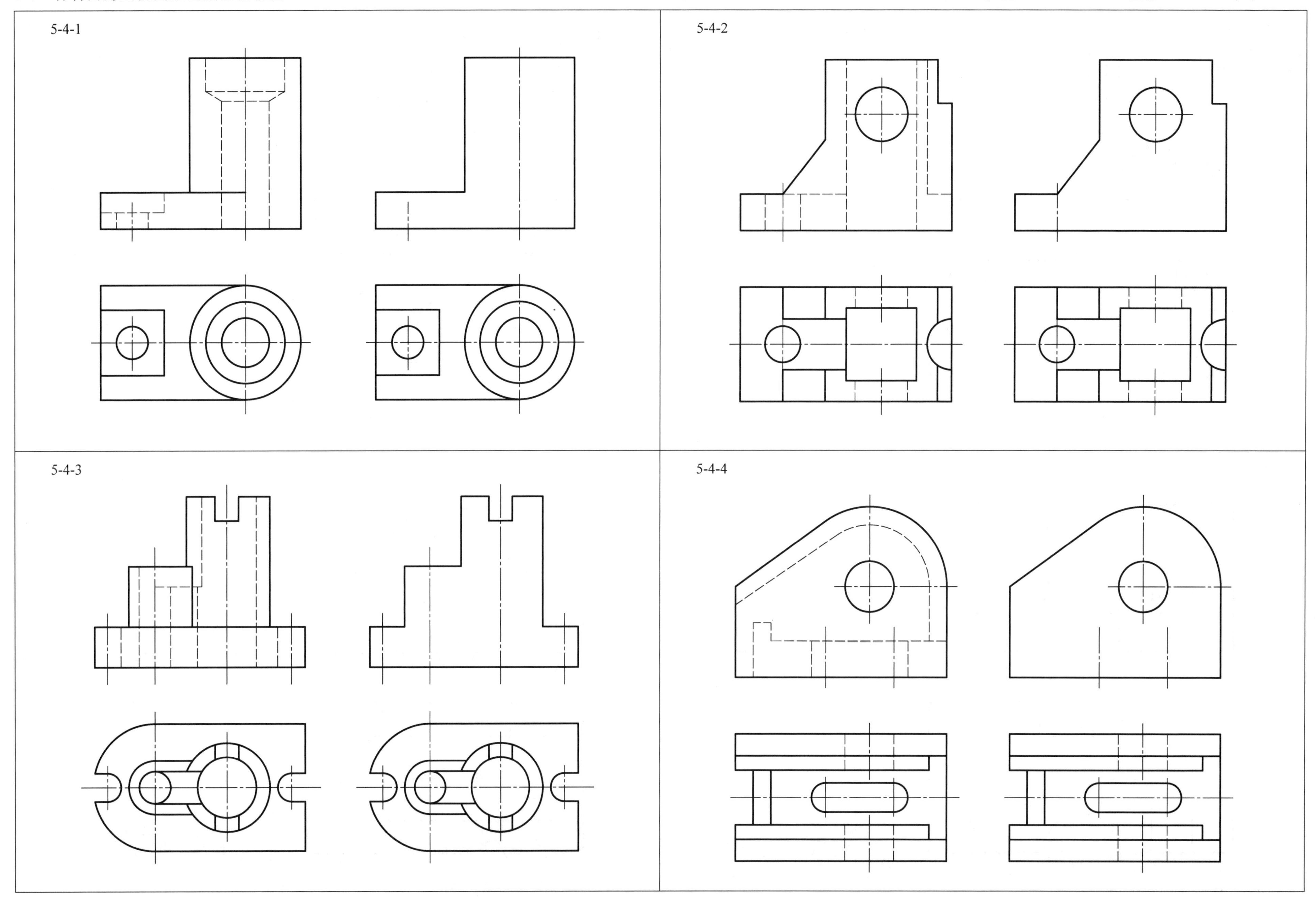
5-4-1
5-4-2
5-4-3
5-4-4

5-5 读懂主、俯视图，画出全剖的左视图 班级 姓名 学号

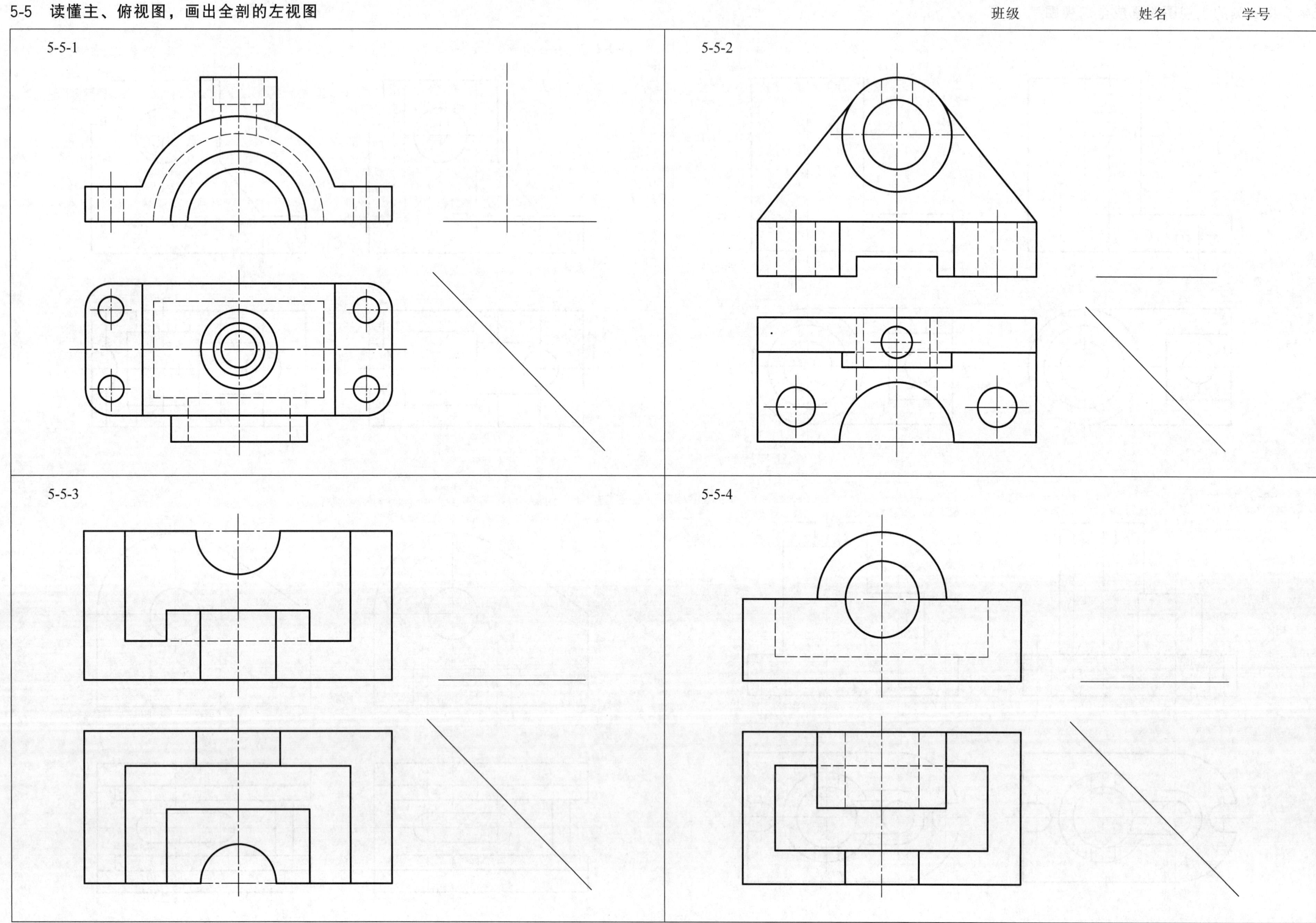

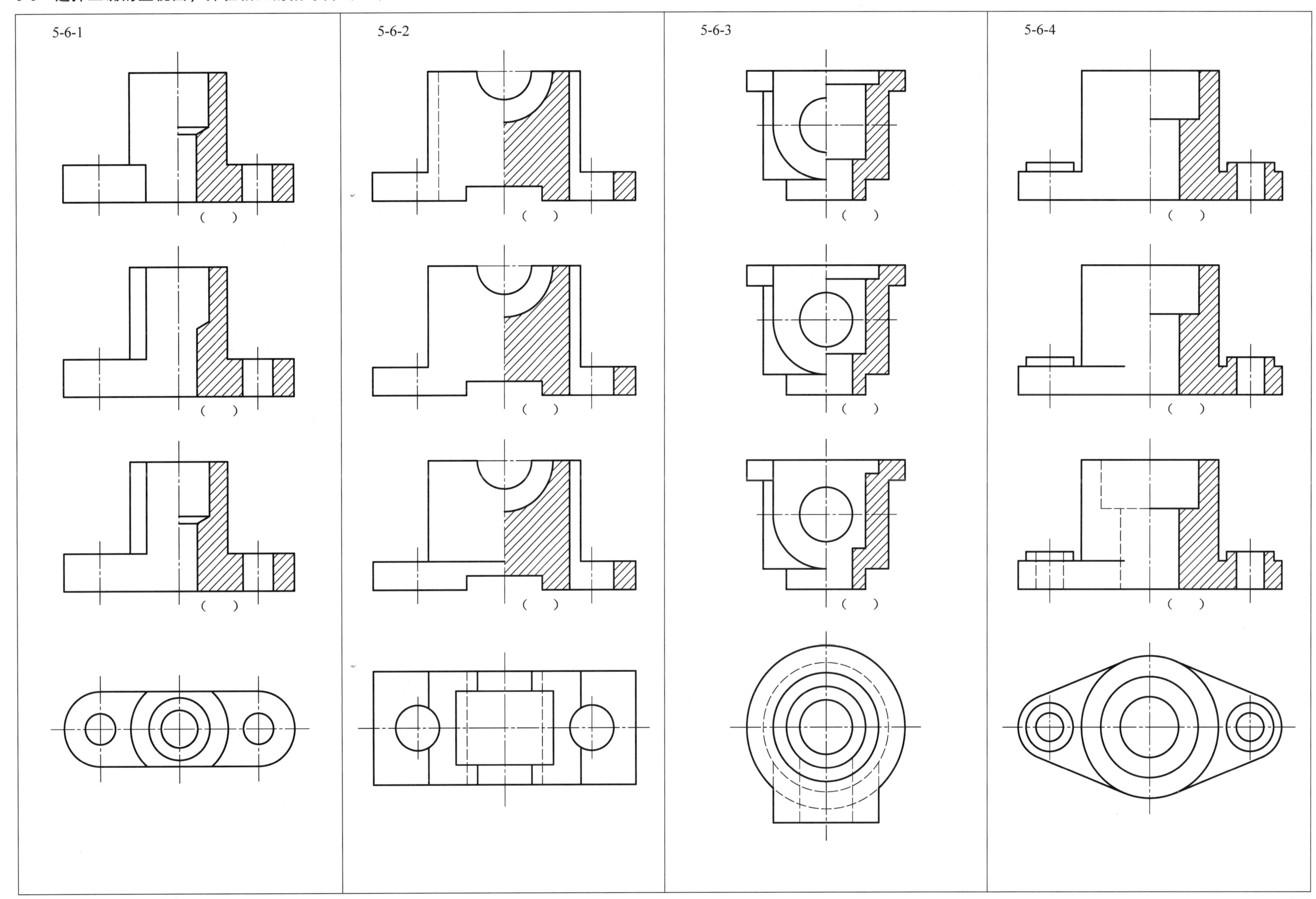
5-6-1
( )
( )
( )
5-6-2
( )
( )
( )
5-6-3
( )
( )
( )
5-6-4
( )
( )
( )

5-7 读懂三视图，将主视图改画成半剖视图、左视图改画成全剖视图　　班级　　姓名　　学号

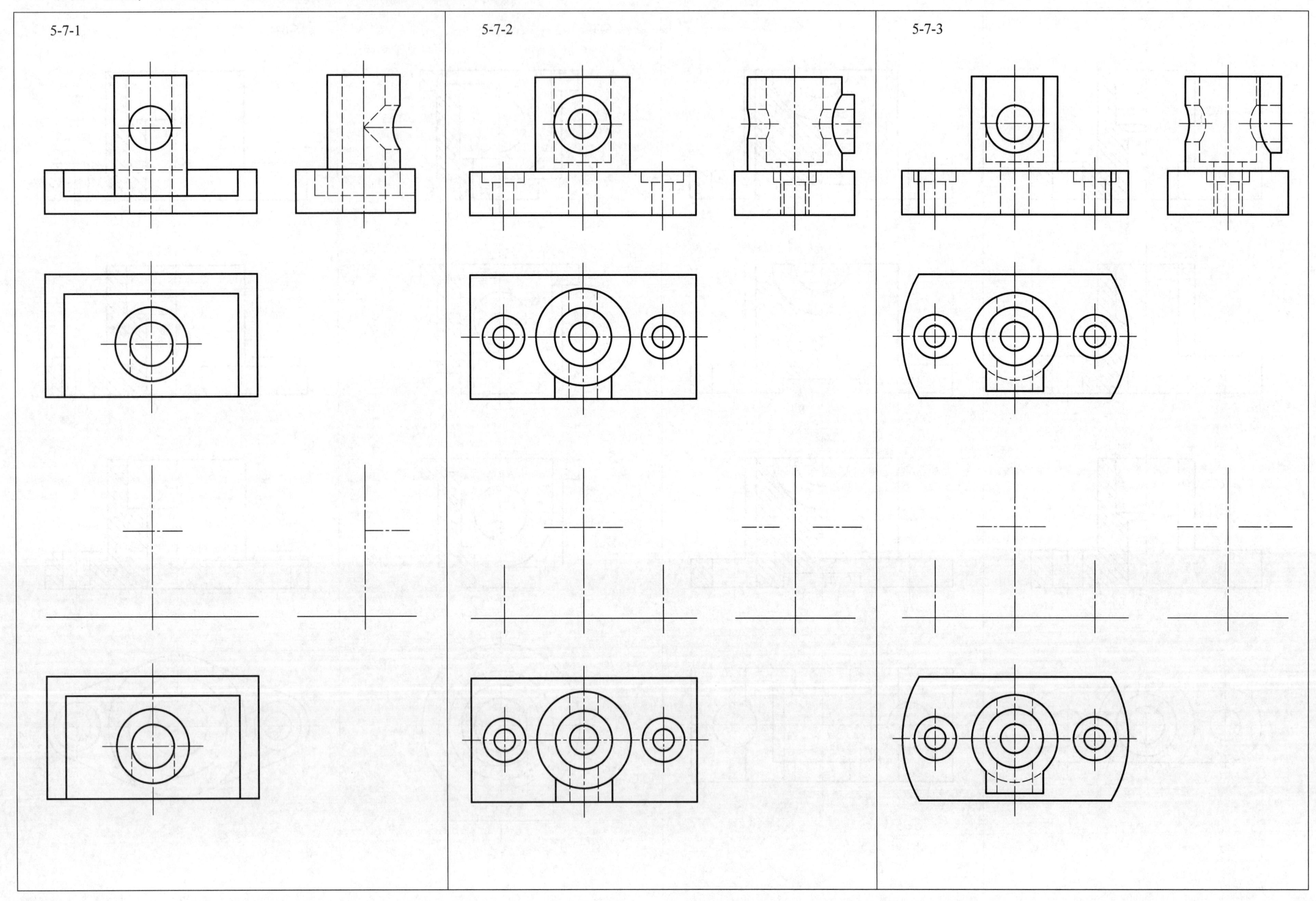

5-8 选择正确的主视图，并在相应的括号内画“√” 班级 姓名 学号

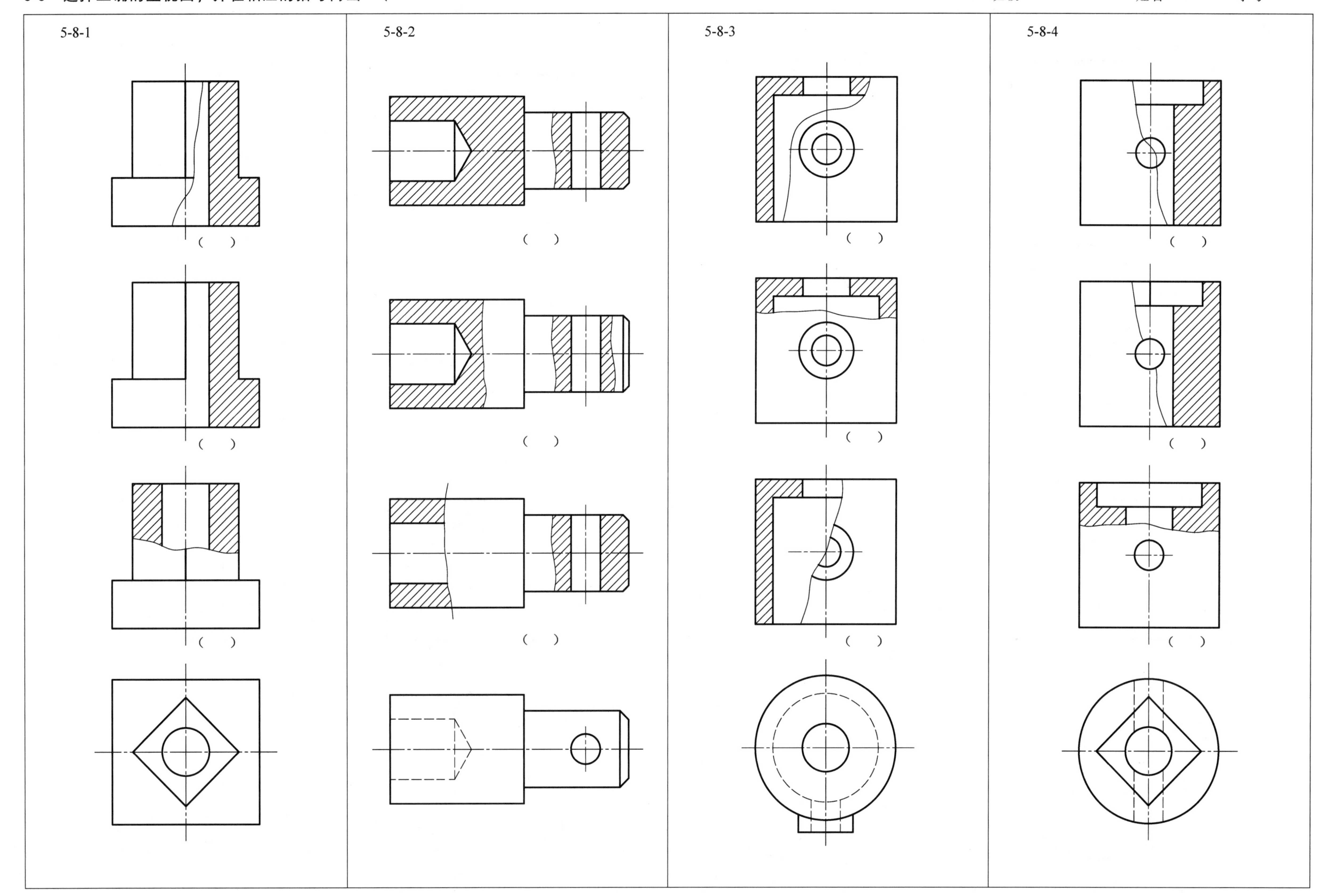

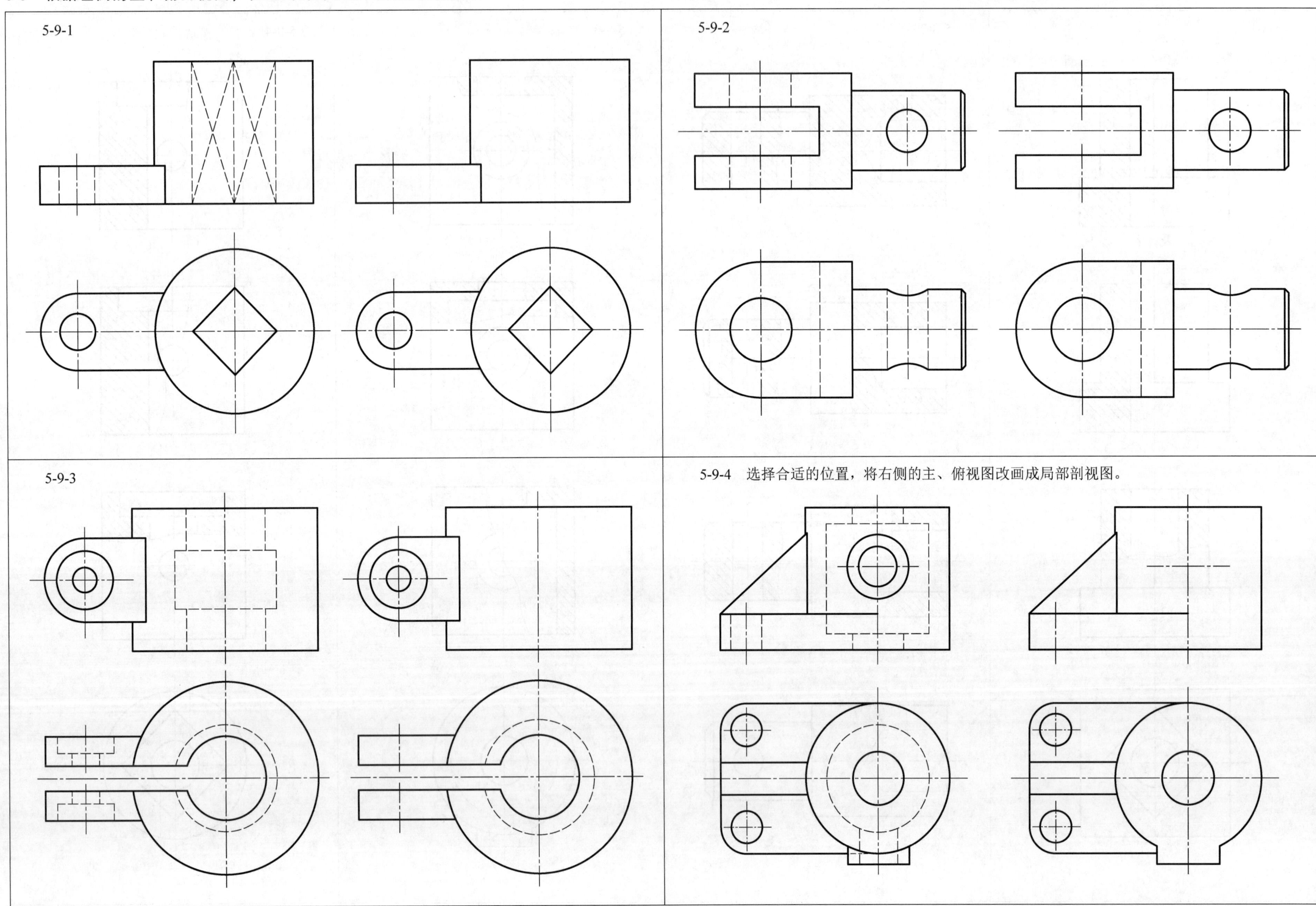
5-9-1
5-9-2
5-9-3
5-9-4　选择合适的位置，将右侧的主、俯视图改画成局部剖视图。

5-10 在指定位置将主视图改画成剖视图

班级　　姓名　　学号

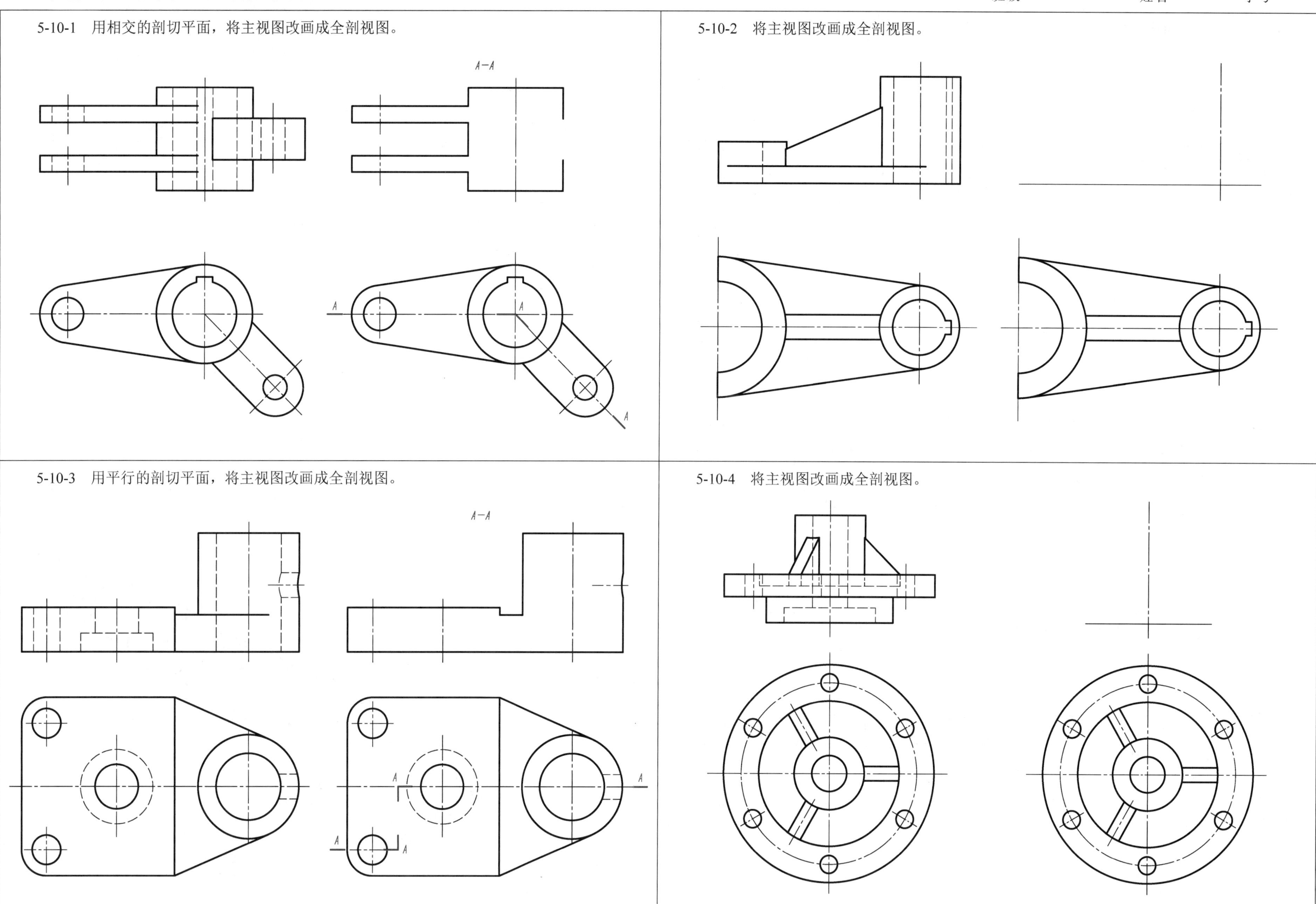

5-11-1 找出正确的移出断面图，在括号内画“√”。

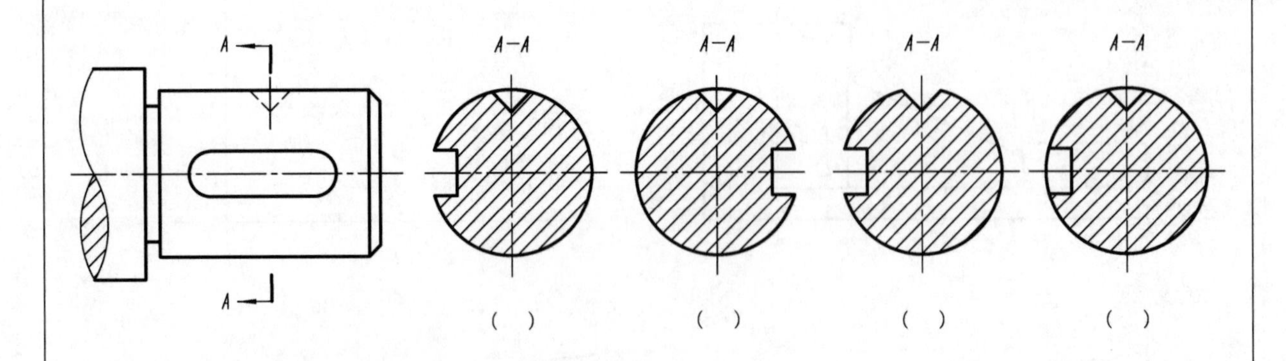

5-11-2 找出正确的移出断面图，在括号内画“√”。

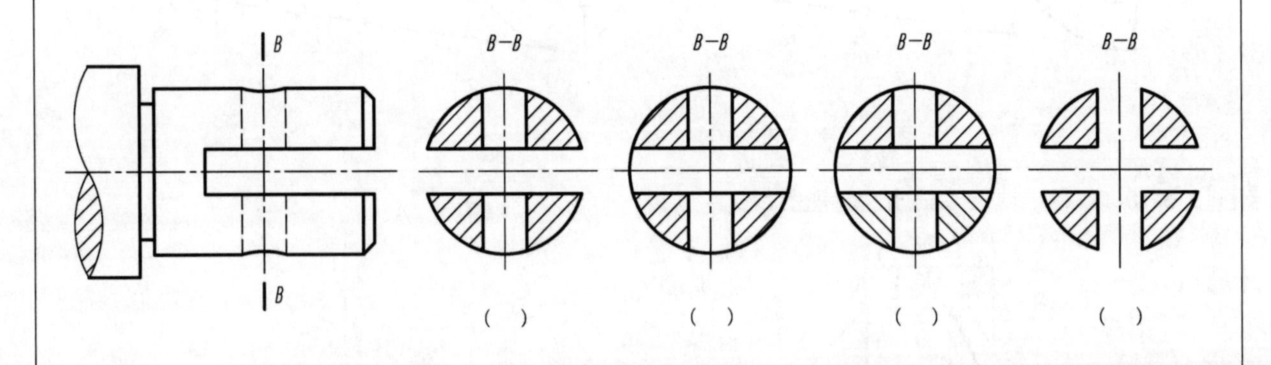

5-11-3 找出正确的移出断面图，在括号内画“√”。

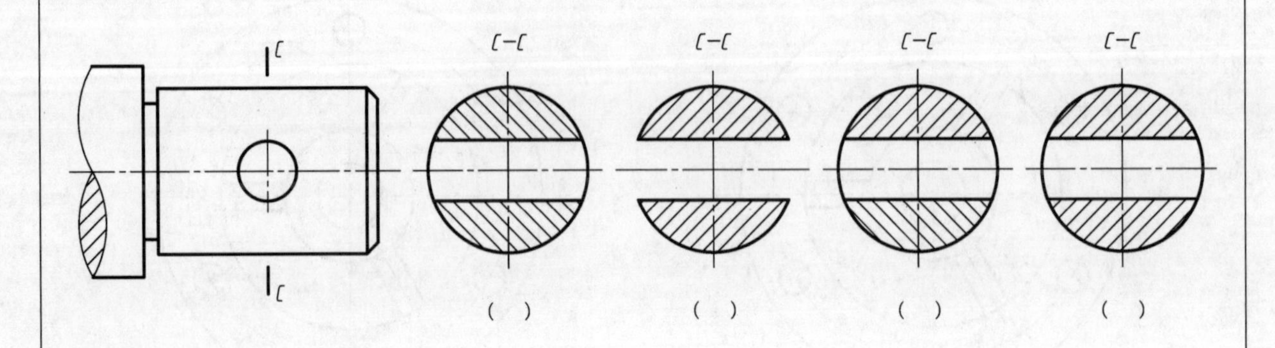

5-11-4 在指定位置画出移出断面图。

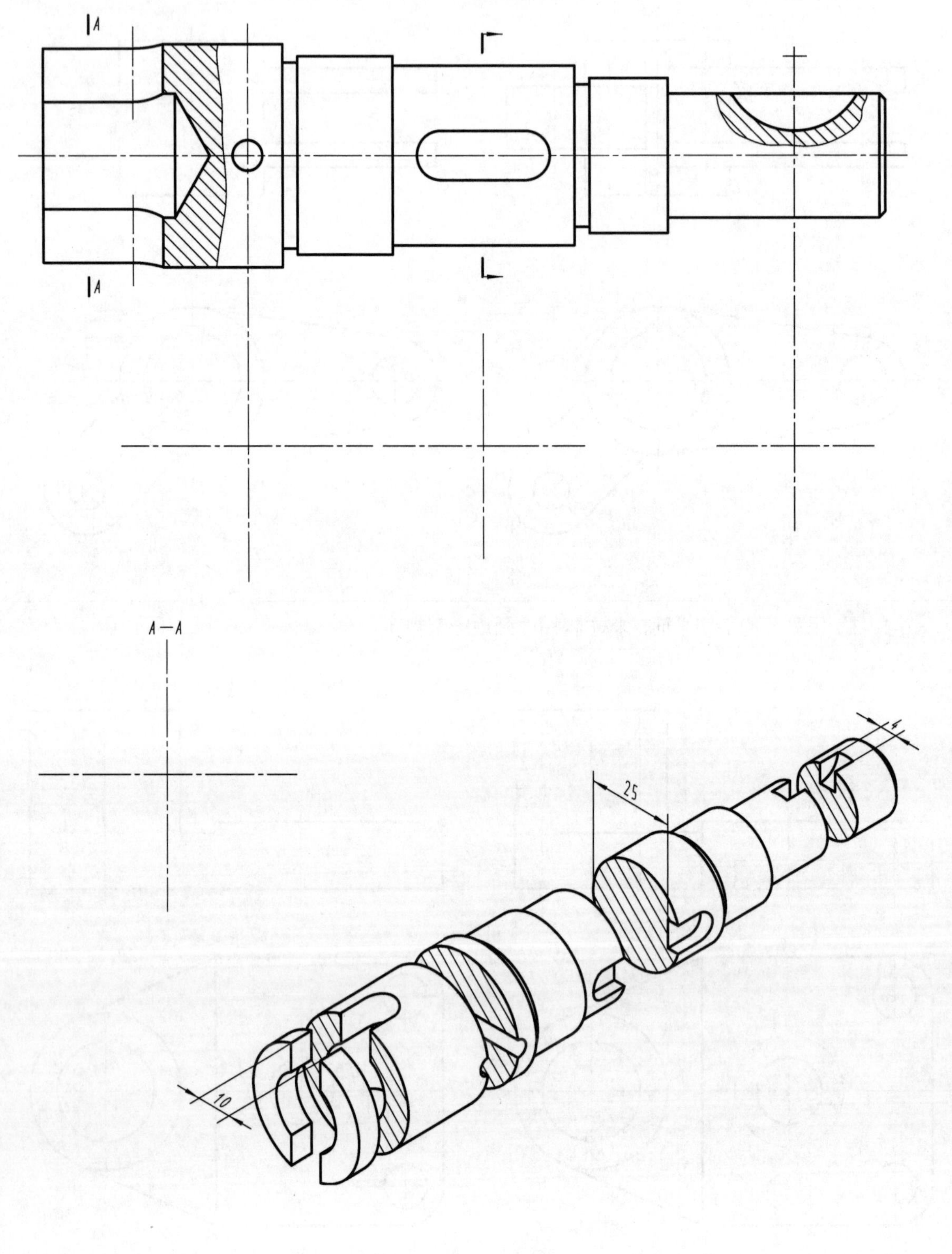

№4 作业指导书

一、目的

（1）培养选择物体表达方法的基本能力。

（2）进一步理解剖视的概念，掌握剖视图的画法。

二、内容与要求

（1）根据任课教师指定的图例（或模型），选择合适的表达方法并标注尺寸。

（2）自行确定比例及图纸幅面，用铅笔描深。

三、注意事项

（1）应用形体分析法，看清物体的形状结构。首先考虑把主要结构表达清楚，对尚未表达清楚的结构可采用适当的表达方法（辅助视图、剖视图等）或改变投射方向予以解决。可多考虑几种表达方案，并进行比较，从中确定最佳方案。

（2）剖视图应直接画出，而不是先画成视图，再将视图改成剖视图。

（3）要注意剖视图的标注。分清哪些剖切位置可以不标注，哪些剖切位置必须标注。

（4）要注意局部剖视图中波浪线的画法。

（5）剖面线的方向和间隔应保持一致。

（6）不要照抄图例中的尺寸注法。应用形体分析法，结合剖视图的特点标注尺寸，确保所注尺寸既不遗漏，也不重复。

四、图例（下方）

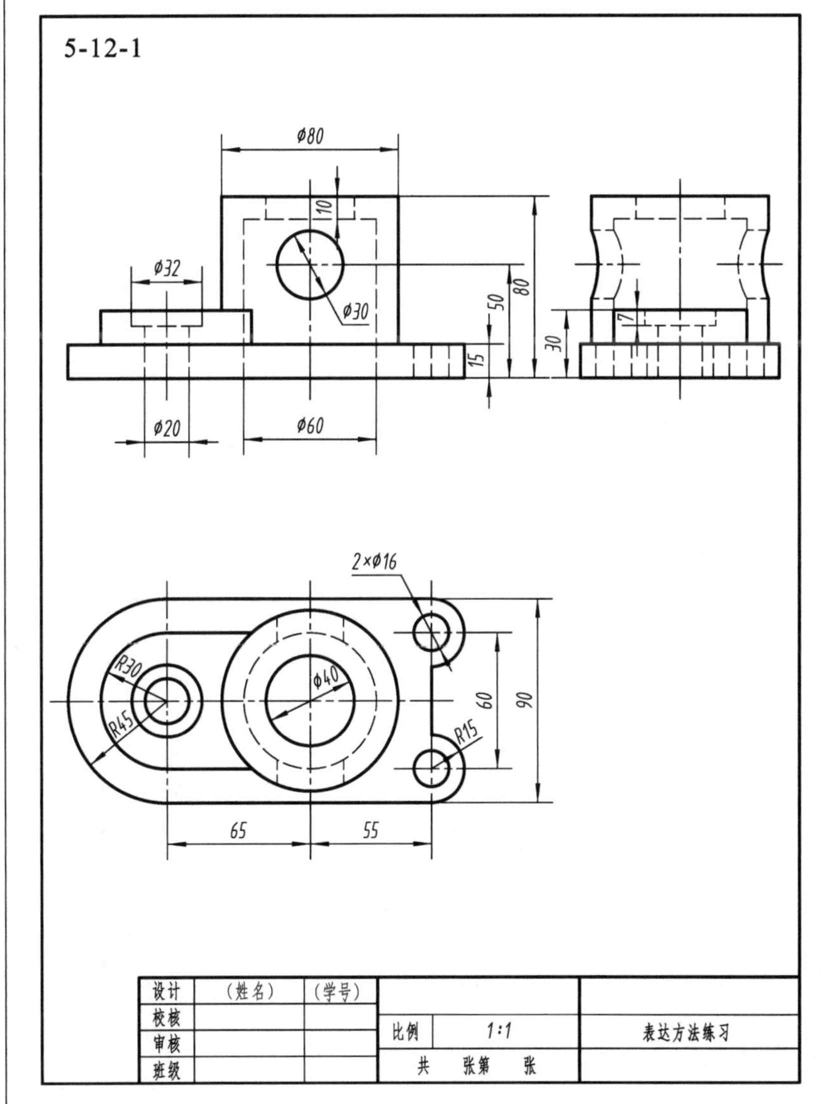

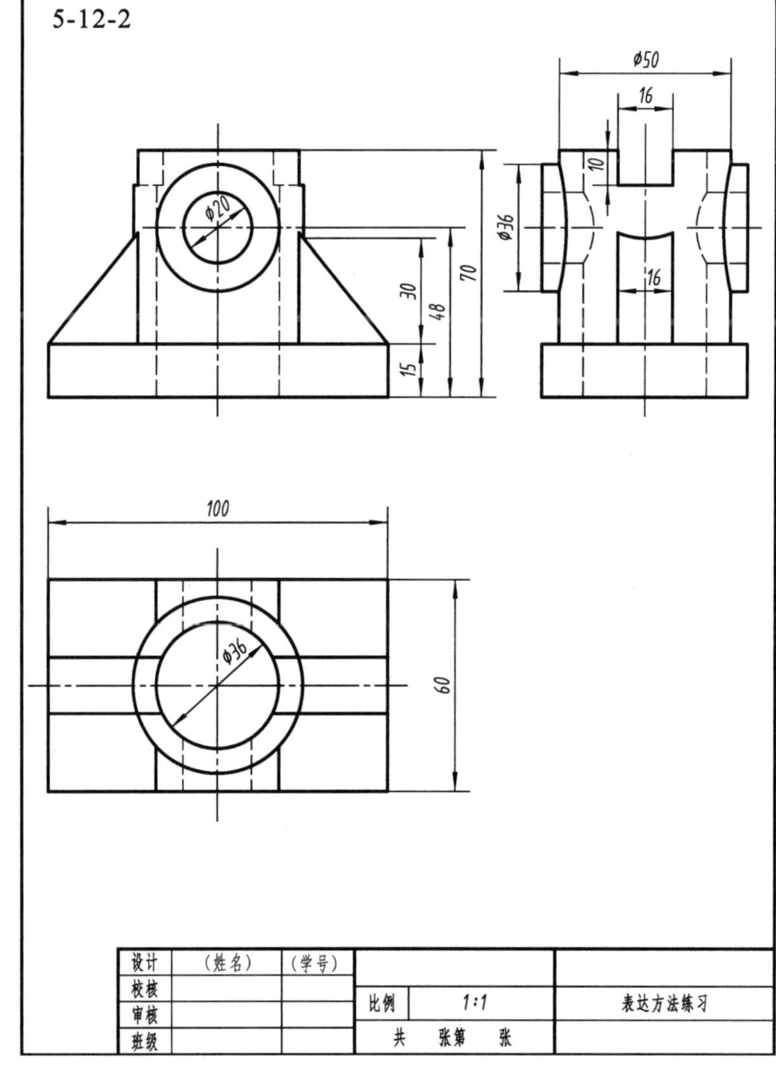

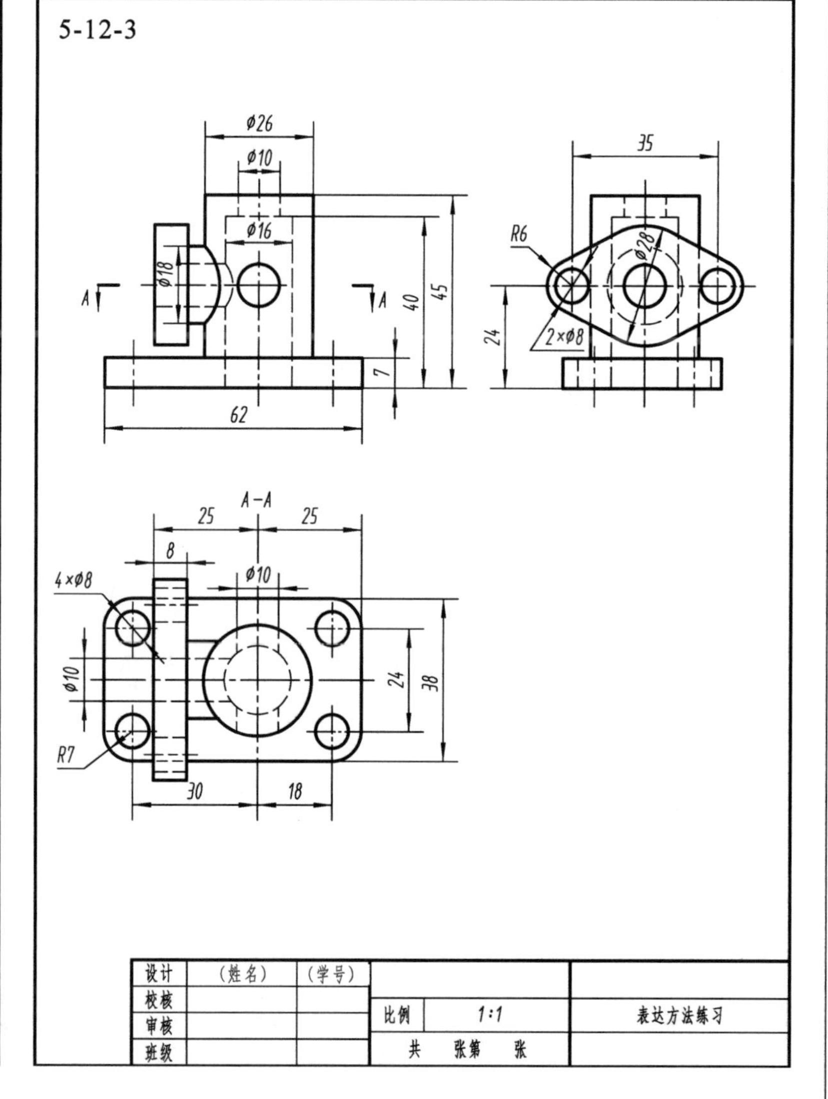

5-13-1 根据轴测图及尺寸，用第三角画法画出物体的六面视图（按第三角画法配置）。

5-13-2 补画第三角画法中所缺的右视图。

5-13-3 补画第三角画法中所缺的俯视图。

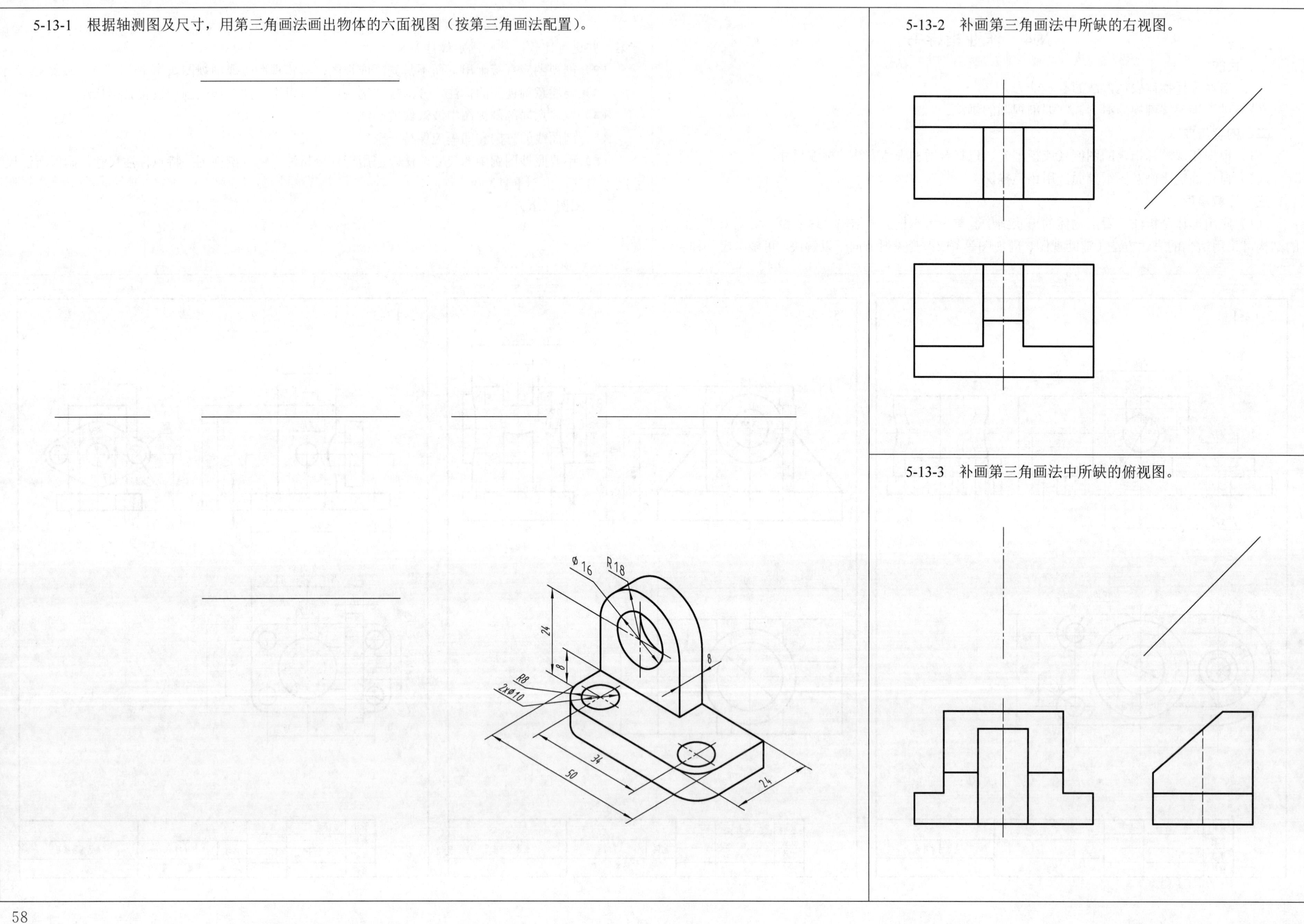

5-14-1 补画第三角画法中所缺的主视图。

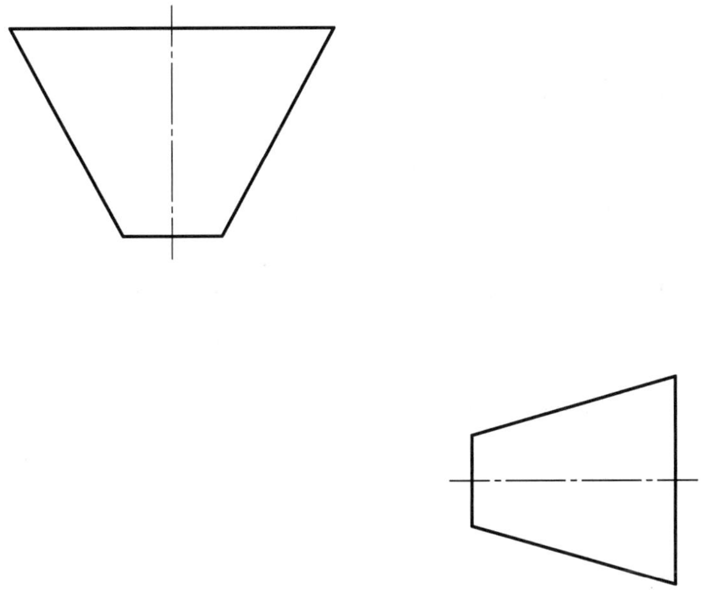

5-14-2 补画第三角画法中所缺的右视图。

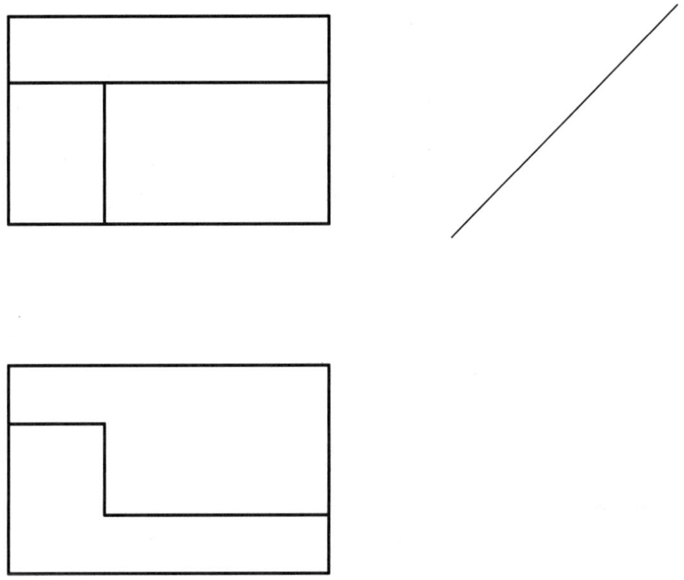

5-14-3 补画第三角画法中所缺的俯视图。

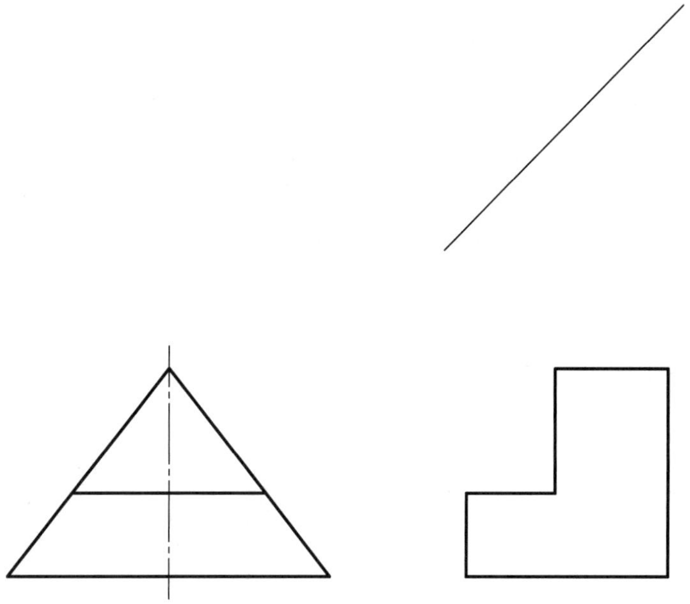

5-14-4 补画第三角画法中所缺的主视图。

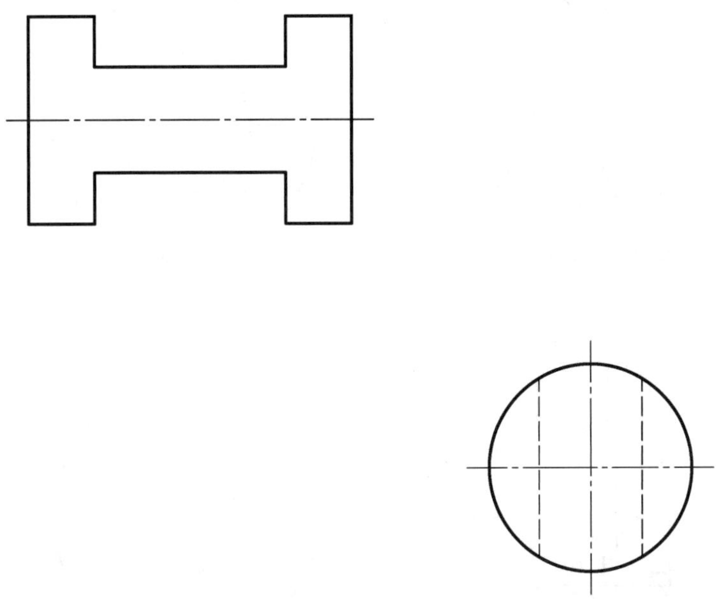

5-14-5 补画第三角画法中所缺的右视图。

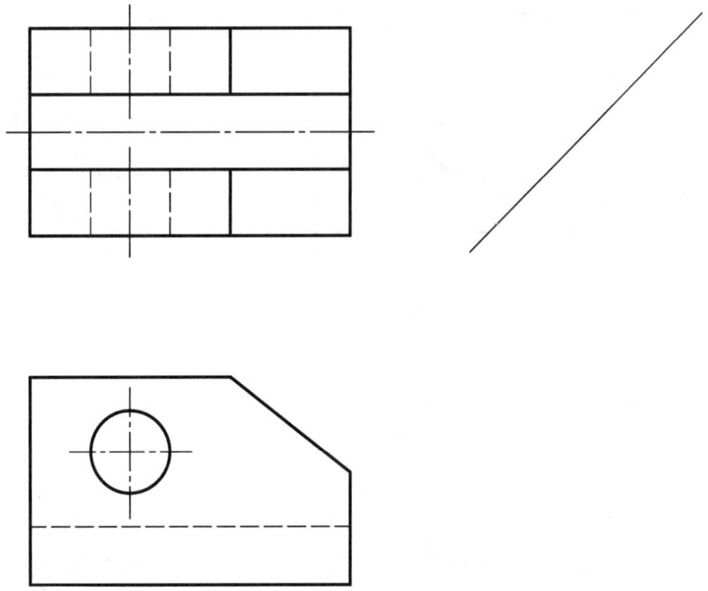

5-14-6 补画第三角画法中所缺的俯视图。

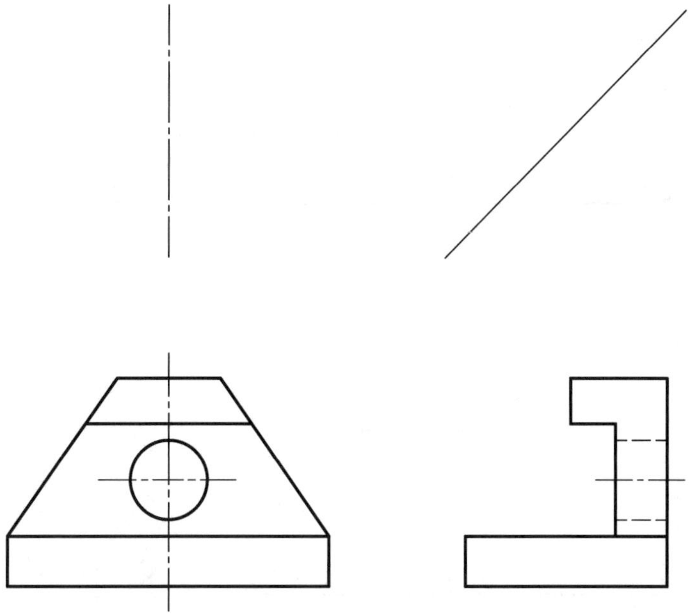

第六章　图样中的特殊表示法

6-1　找出下列螺纹画法中的错误，用铅笔圈出

班级　　　　姓名　　　　学号

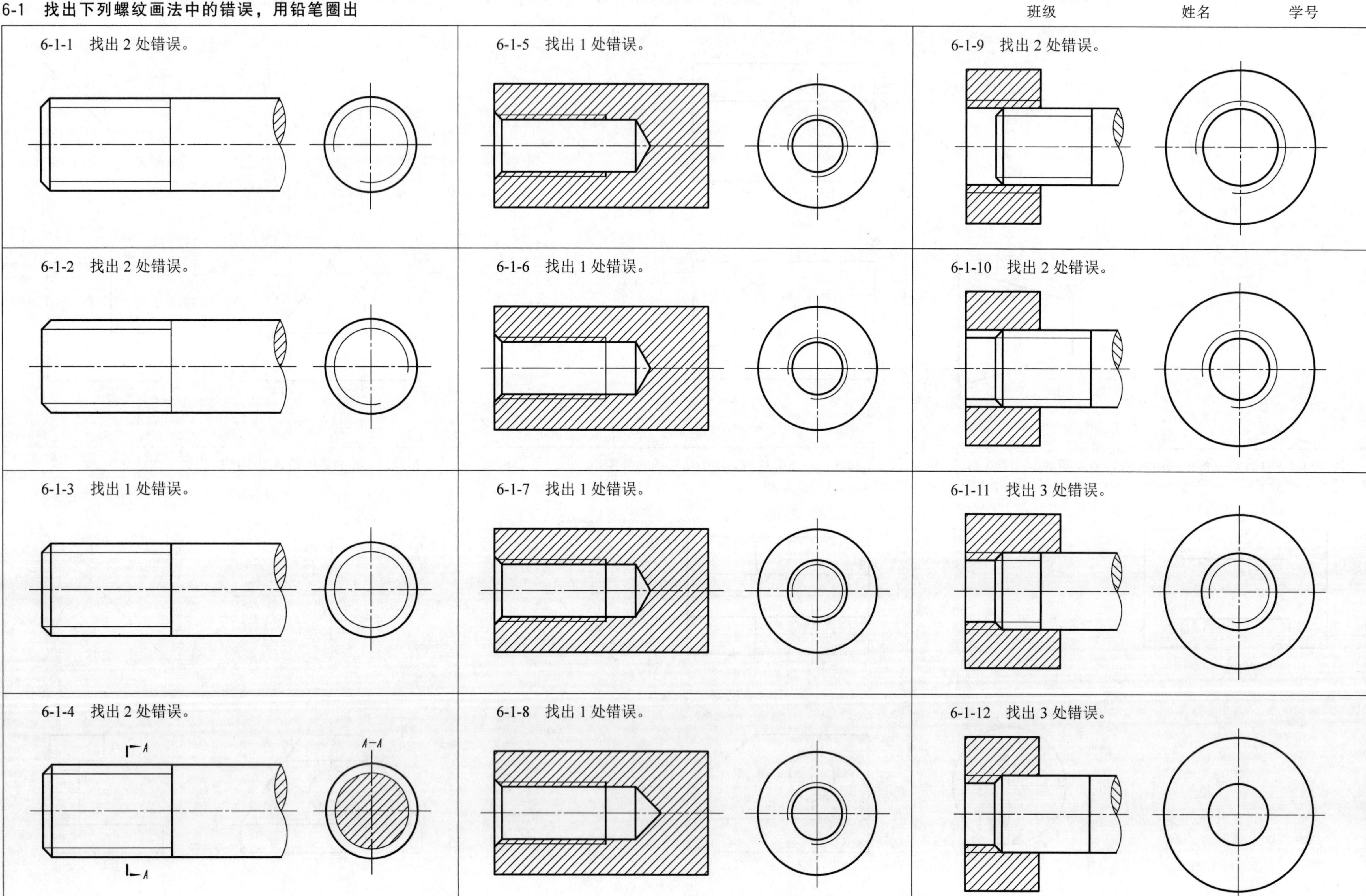

6-2 螺纹画法练习；标注螺纹尺寸

班级 姓名 学号

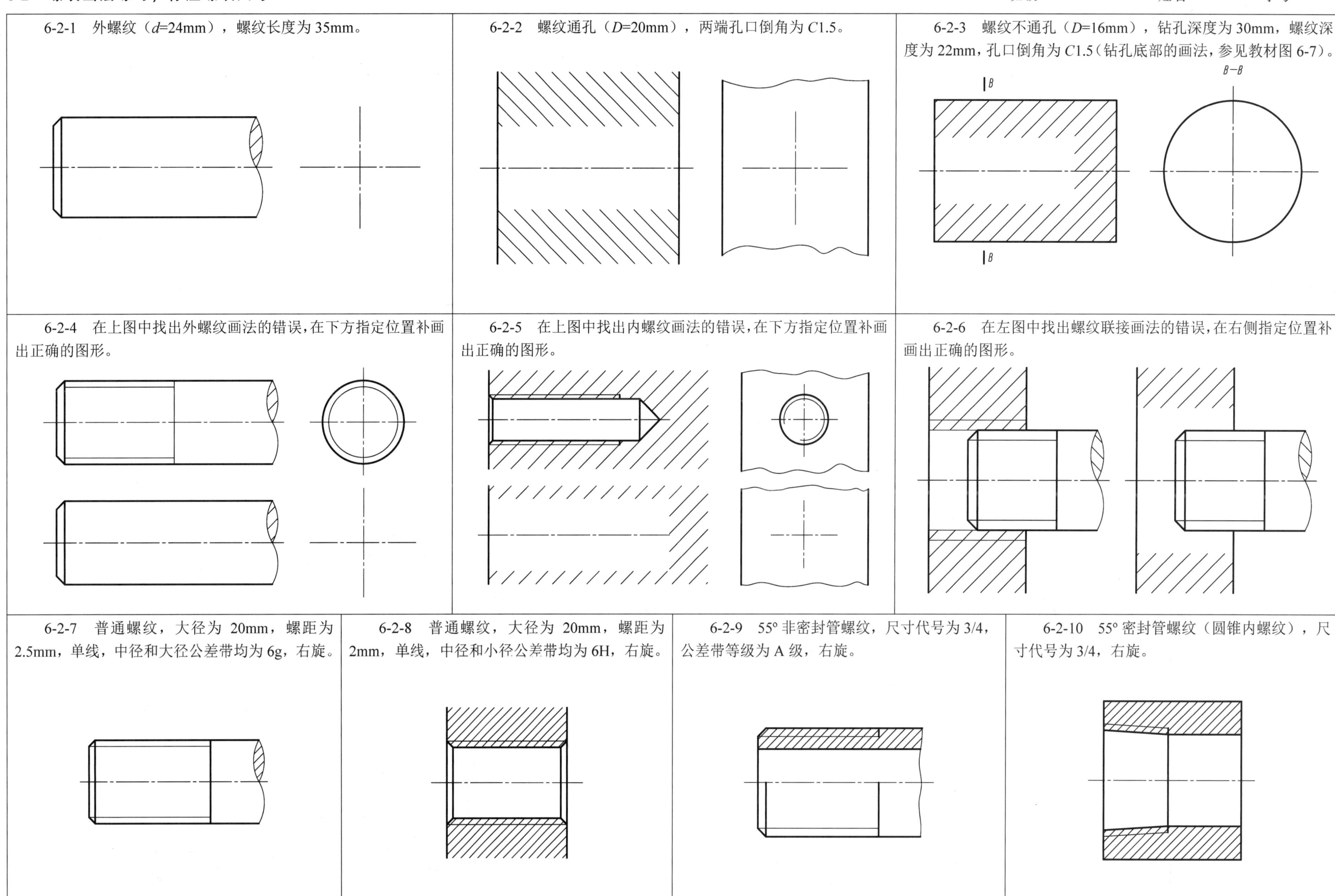

6-3 根据螺纹标记查表；找出螺纹标注的错误

6-3-1 根据螺纹标记，查教材附表 1、附表 2，填写下列内容。

普通螺纹标记	螺 纹 名 称	公称直径	螺距	中径公差带	顶径公差带	旋合长度	旋向
M20（注：外螺纹）							
M10×1-6h							
M16-6G-LH							
M20×2-5H-S							
M24（注：内螺纹）							
M30-7g6g-L							
M20×1.5-6e-LH							
M12-6G							

管螺纹标记	螺 纹 名 称	尺寸代号	大径	中径	小径	螺距	每 25.4 mm 内的牙数	旋向
Rc2½LH								
Rp3								
R_1¾LH								
G1¼A								
G1¼A-LH								

6-3-2 粗牙普通外螺纹。

24

6-3-3 粗牙普通外螺纹。

M24

6-3-4 粗牙普通外螺纹。

M24

6-3-5 粗牙普通内螺纹。

M24-6h

6-3-6 55° 非密封管螺纹。

G1½A

6-3-7 55° 非密封管螺纹。

G1½A

6-3-8 55° 密封圆柱管螺纹。

Rp¾

6-3-9 55° 密封圆柱管螺纹。

Rp¾

6-4-1 六角头螺栓 C级。

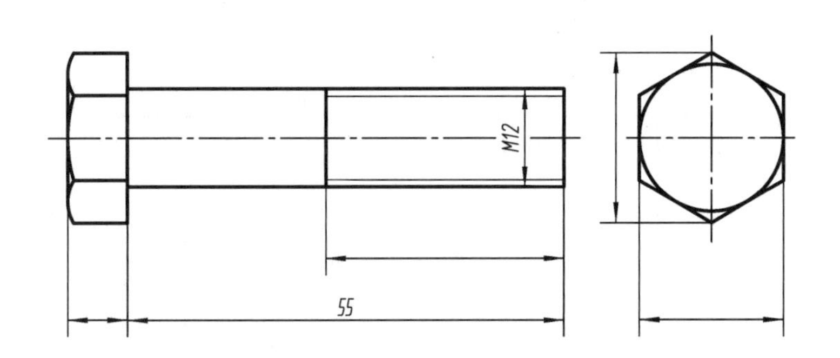

规定标记：________________

6-4-2 双头螺柱（B型，b_m=1.5d）。

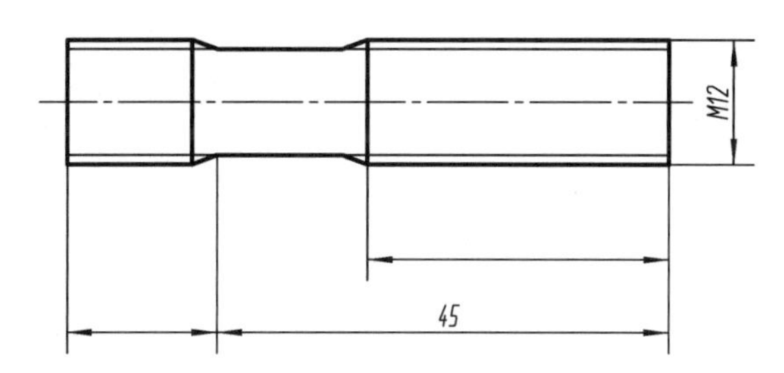

规定标记：________________

6-4-3 六角螺母 C级。

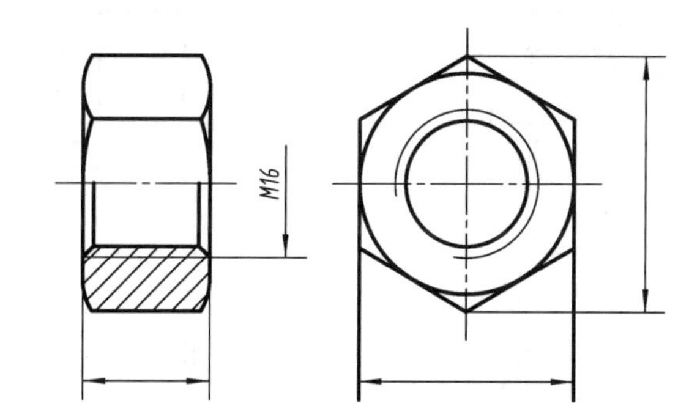

规定标记：________________

6-4-4 开槽圆柱头螺钉。

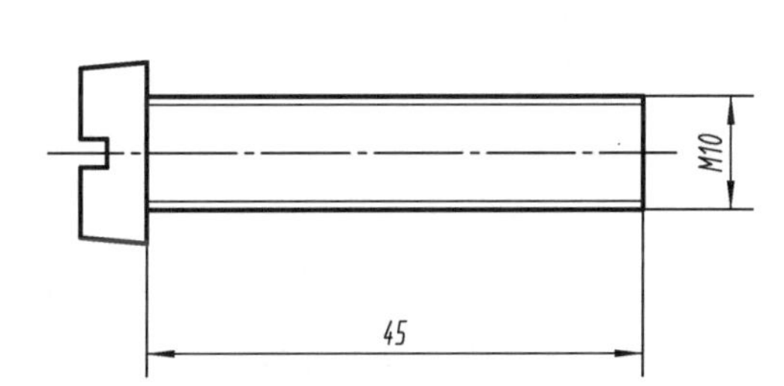

规定标记：________________

6-4-5 开槽沉头螺钉。

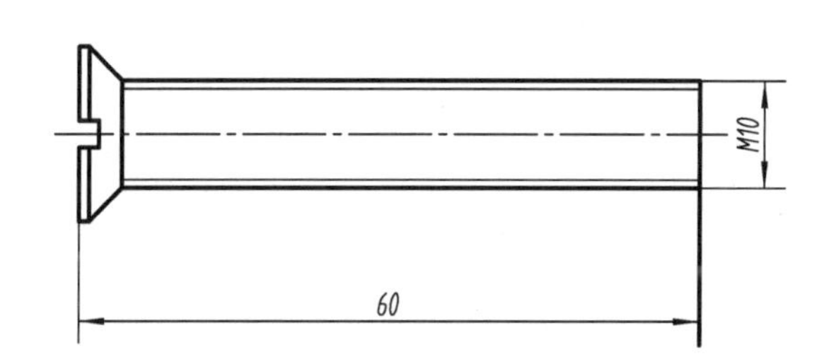

规定标记：________________

6-4-6 开槽平端紧定螺钉。

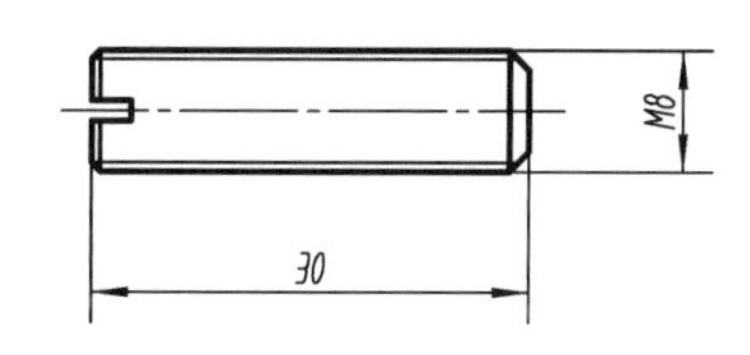

规定标记：________________

6-4-7 平垫圈 C级。

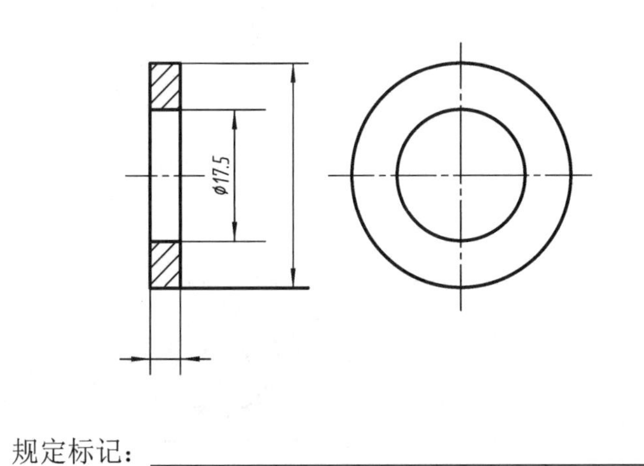

规定标记：________________

6-4-8 圆柱销（公称直径为 10mm，长度为 50mm，公差为 m6）。

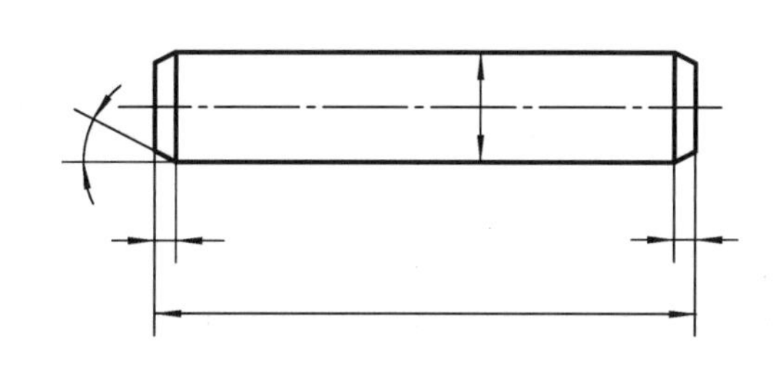

规定标记：________________

6-4-9 圆锥销（A型，公称直径为10mm，长度为50mm）。

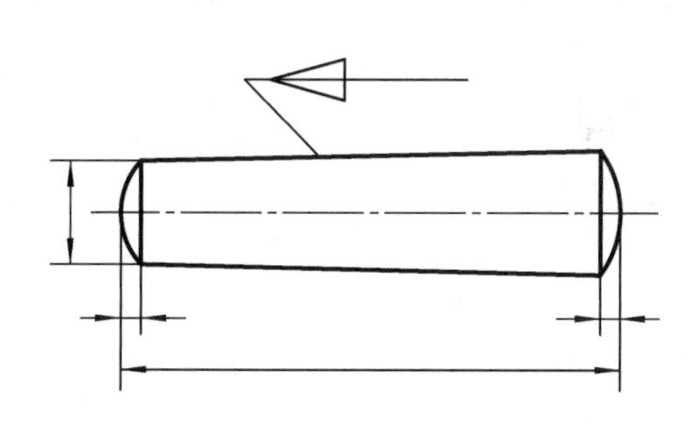

规定标记：________________

6-5 找出螺栓联接三视图中的错误（每题3处，用铅笔圈出）

班级 姓名 学号

6-5-1 用铅笔圈出螺栓联接三视图中的3处错误。

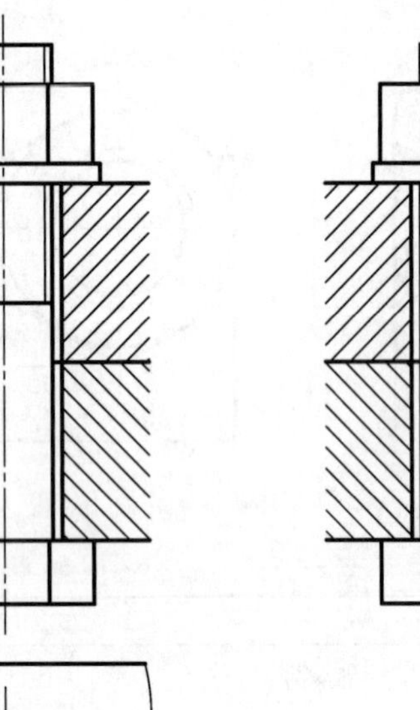

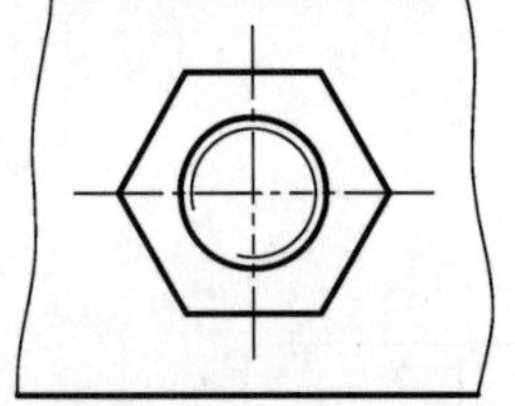

6-5-2 用铅笔圈出螺栓联接三视图中的3处错误。

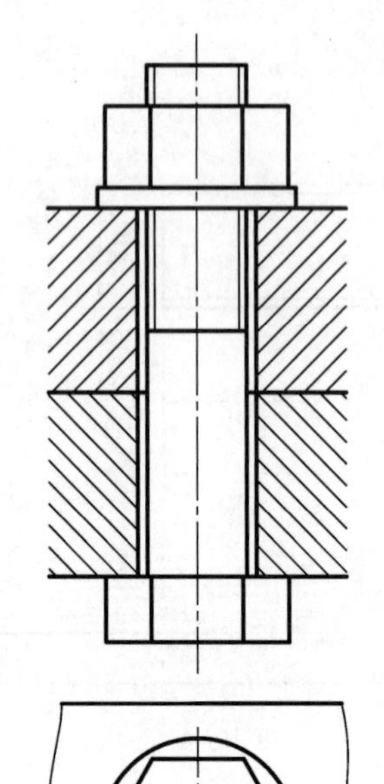

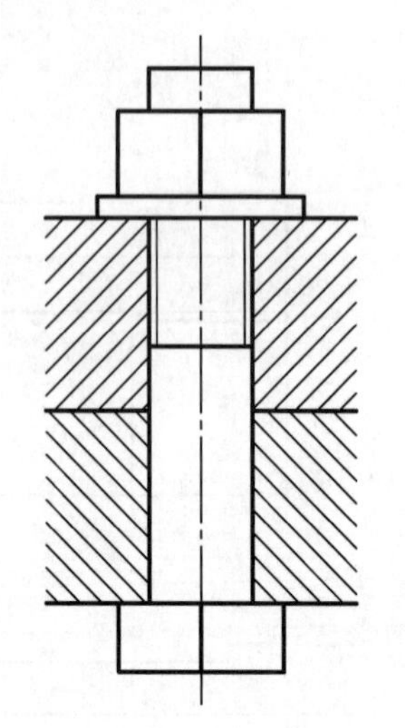

6-5-3 用铅笔圈出螺栓联接三视图中的3处错误。

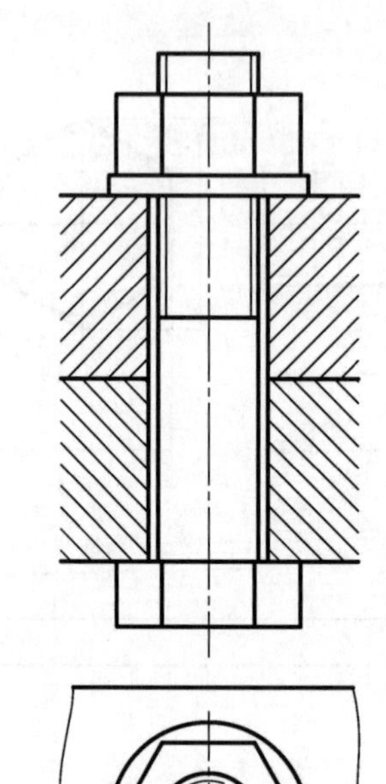

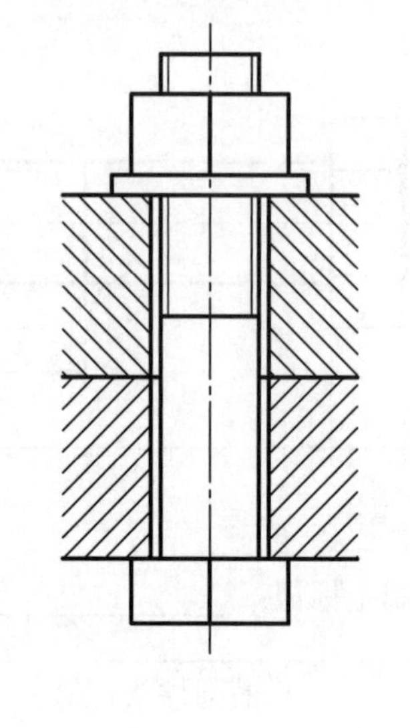

6-5-4 对比两组螺柱联接图形，圈出右图中的5处错误。

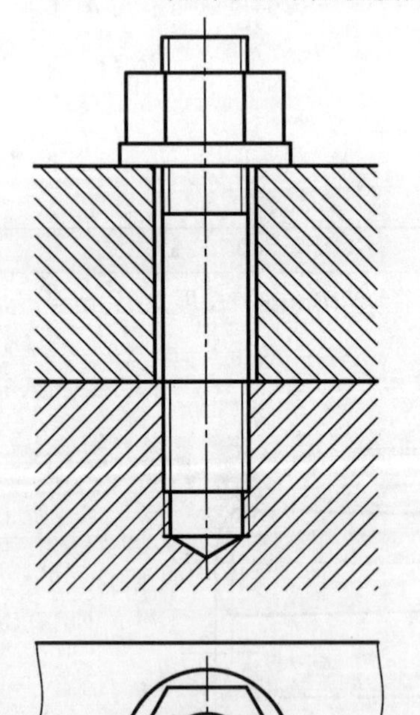

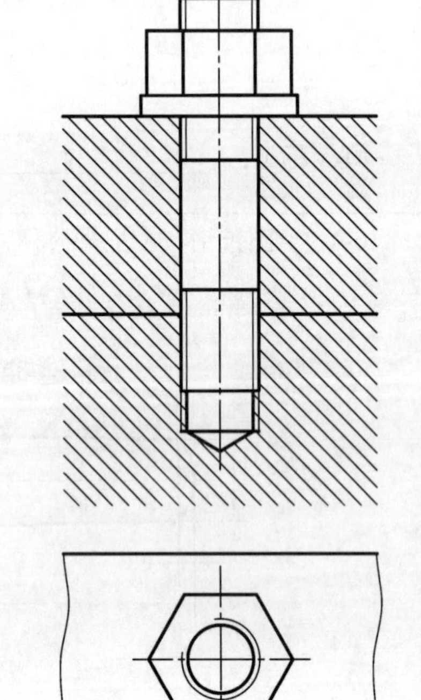

6-5-5 用铅笔圈出开槽沉头螺钉联接画法的2处错误。

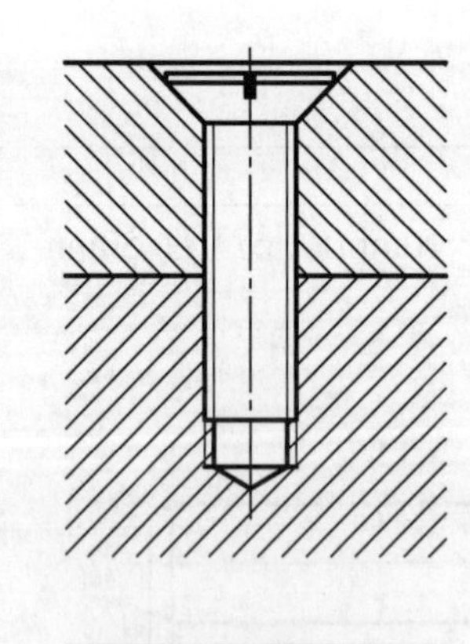

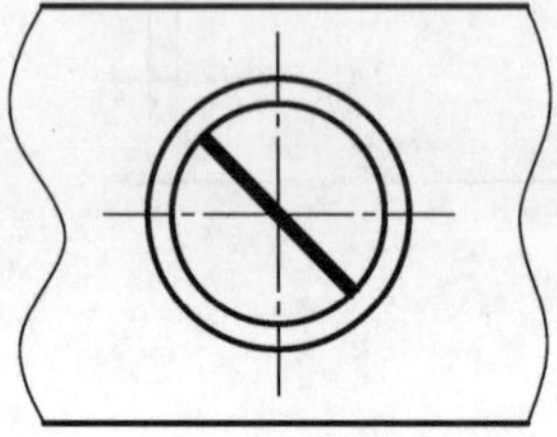

6-5-6 用铅笔圈出开槽平端紧定螺钉联接画法的3处错误。

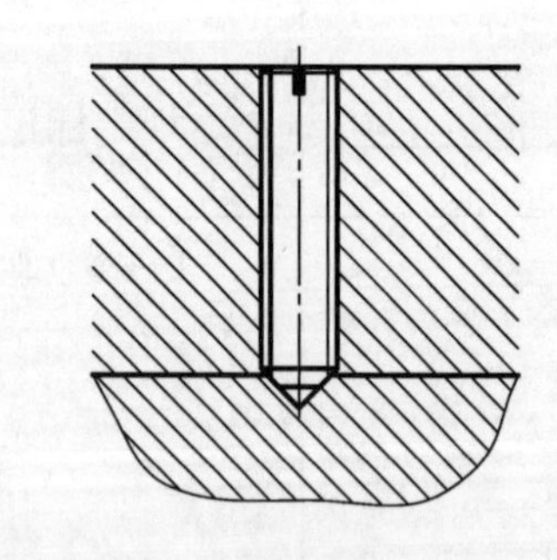

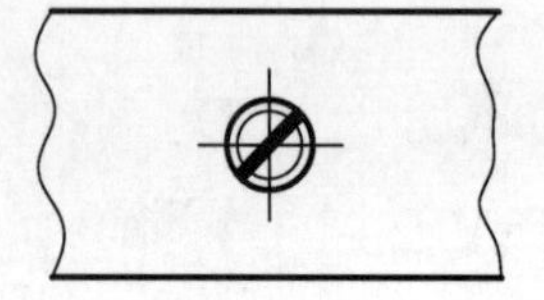

6-5-7 用铅笔圈出内六角圆柱头螺钉联接画法的3处错误。

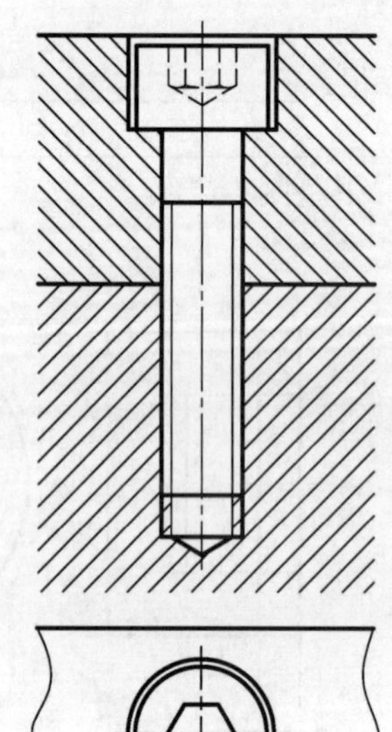

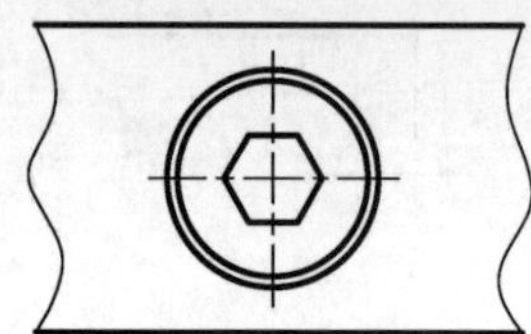

6-6-1　按简化画法补全螺栓联接的画法（主视图全剖，俯视图为外形视图）。螺纹紧固件规格按1∶1的比例由图中量得。

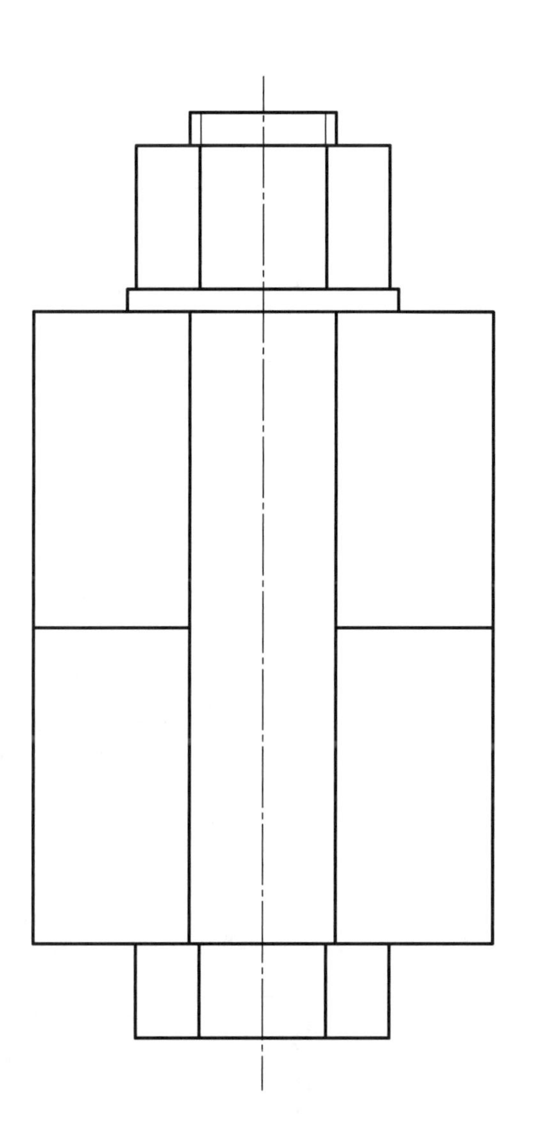

6-6-2　按简化画法补全双头螺柱联接的画法（主视图全剖，俯视图画为外形视图。只画出螺纹孔，省略钻孔深度）。螺纹紧固件规格按1∶1的比例由图中量得。

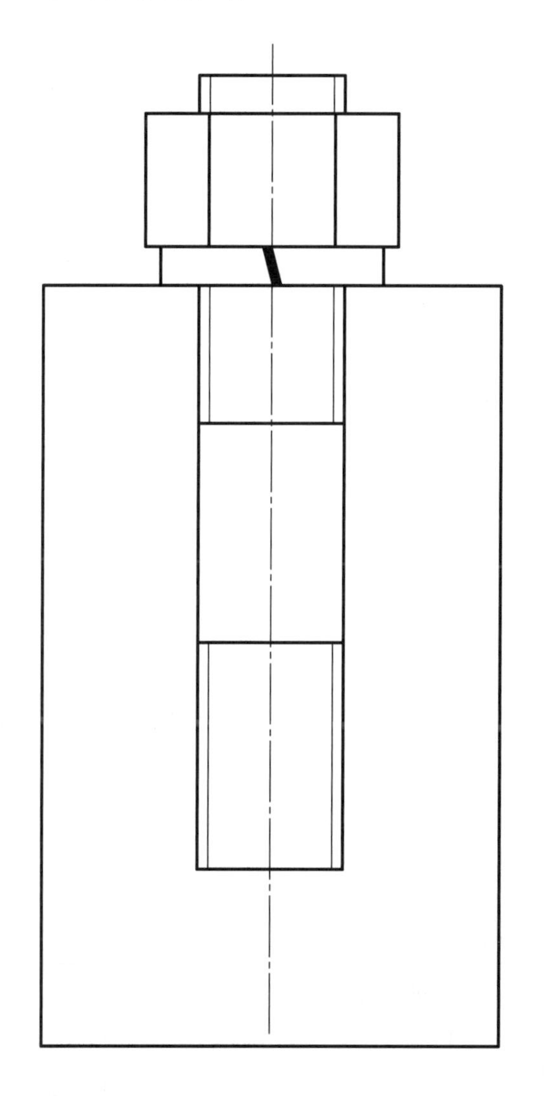

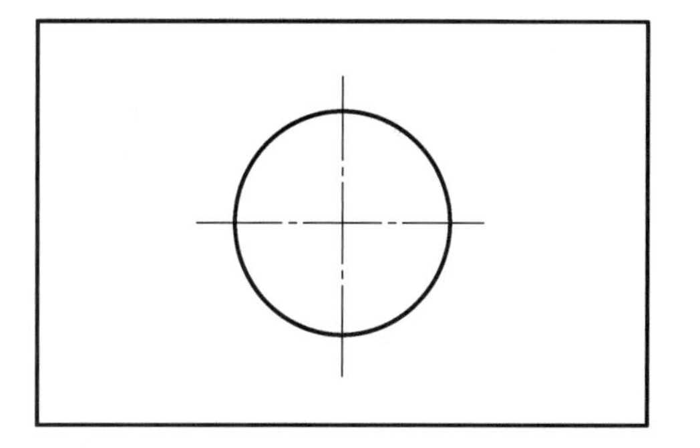

6-6-3　按简化画法补全开槽沉头螺钉联接的画法（主视图全剖，俯视图为外形视图。只画出螺纹孔，省略钻孔深度）。螺钉规格按1∶1的比例由图中量得。

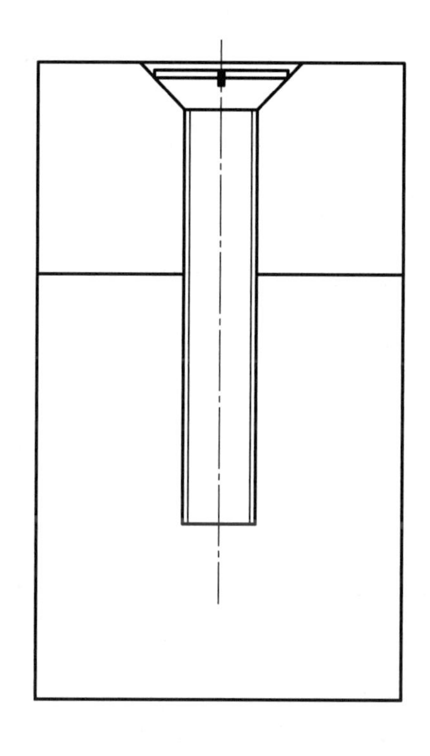

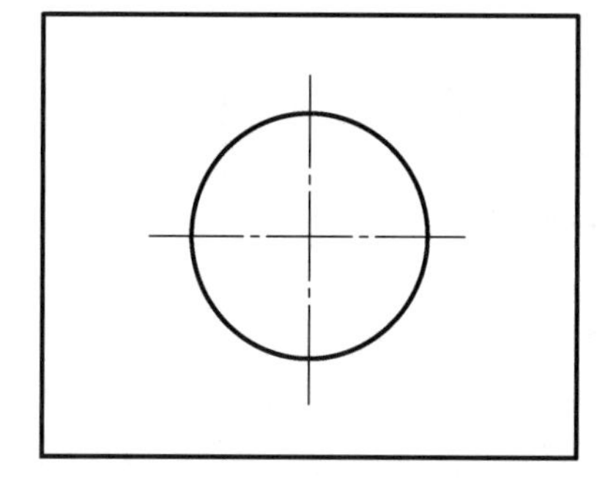

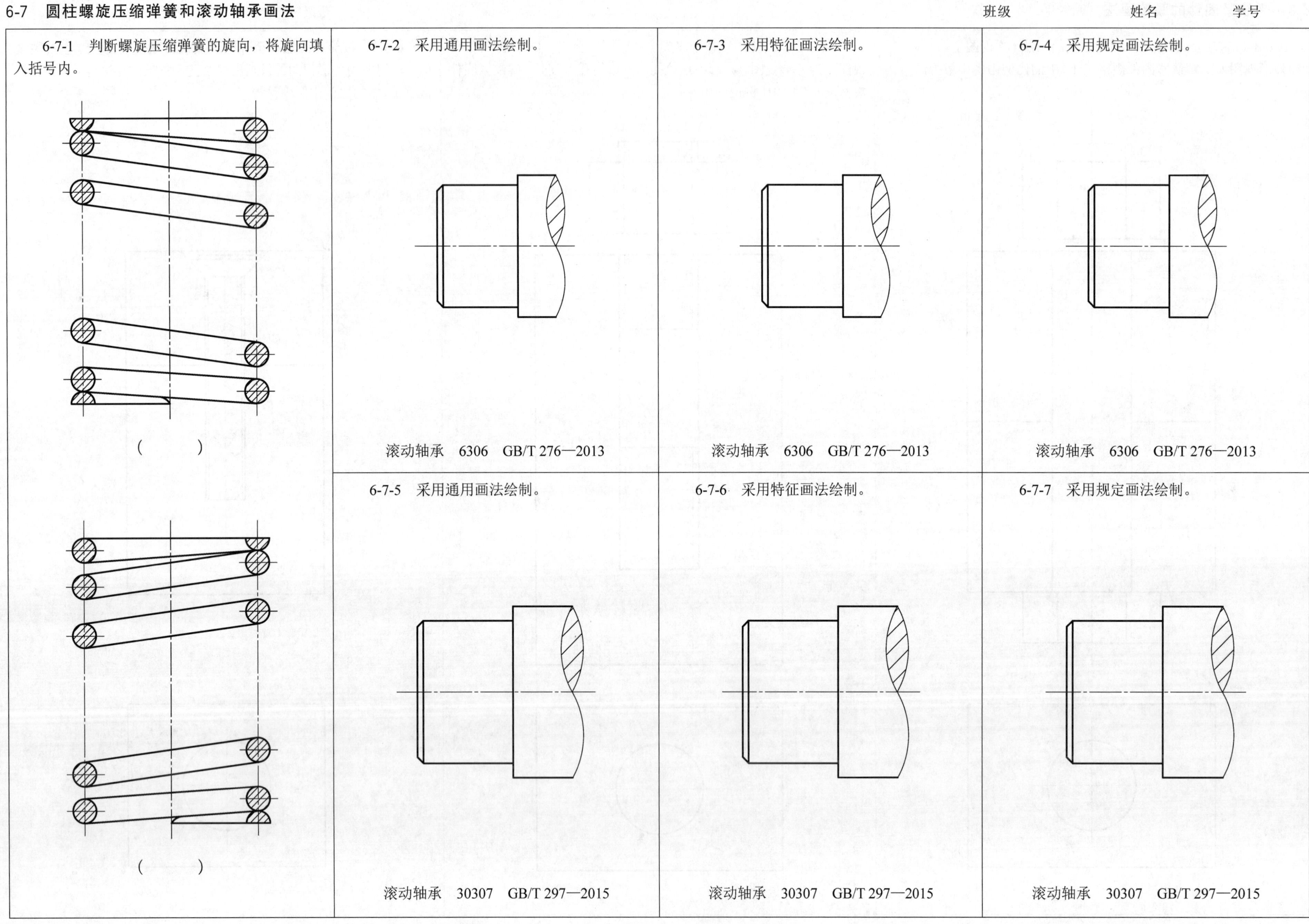
6-7-1 判断螺旋压缩弹簧的旋向，将旋向填入括号内。
(　　)
(　　)
6-7-2 采用通用画法绘制。
滚动轴承 6306 GB/T 276—2013
6-7-3 采用特征画法绘制。
滚动轴承 6306 GB/T 276—2013
6-7-4 采用规定画法绘制。
滚动轴承 6306 GB/T 276—2013
6-7-5 采用通用画法绘制。
滚动轴承 30307 GB/T 297—2015
6-7-6 采用特征画法绘制。
滚动轴承 30307 GB/T 297—2015
6-7-7 采用规定画法绘制。
滚动轴承 30307 GB/T 297—2015

第七章　金属焊接图

7-1　完成下列题目

班级　　　　姓名　　　　学号

7-1-1　回答下列问题。

（1）在金属焊接图样中，优先采用图示法还是焊缝符号表示法？________________

（2）完整的焊缝符号包括哪几项内容？________________________________

（3）焊缝的“基本符号”表示焊缝__________的形式或特征。

（4）“补充符号”是必须要标出的吗？________

（5）这些阿拉伯数字代表哪些焊接方法？111：__________、212：__________、311：__________、84：__________

（6）指引线箭头直接指向____________一侧，则将基本符号标在基准线的细实线上。

（7）______时，可以在焊缝符号中标注尺寸。

（8）“焊脚尺寸”和“焊角尺寸”哪一个对？________

（9）坡口角度和坡口面角度是一回事吗？________

（10）什么样的焊缝称为“双面焊缝”？________________什么样的焊缝称为“对称焊缝”？________________

7-1-2　写出下列符号的名称，并判断其类别（画“√”）。

符号	名　称	类　别	
		基本符号	补充符号
 ⊬			
○			
V			
 ◡			
∥			
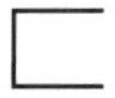 ⊏			
 ⊬			
▶			
Y			
<			

7-1-3　下列表示焊缝的视图和剖视图中，哪一幅是正确的？

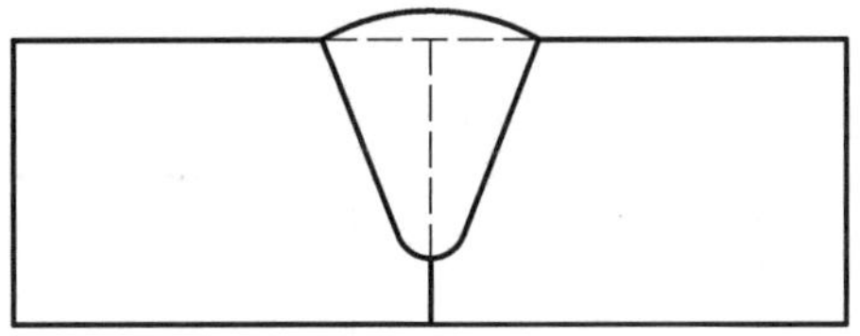

（正确、错误） 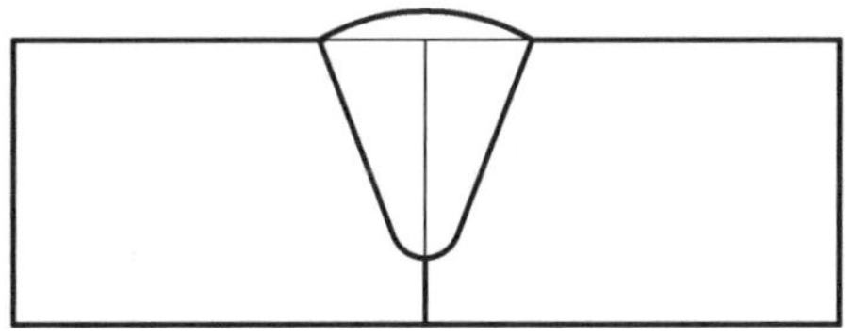　　（正确、错误） 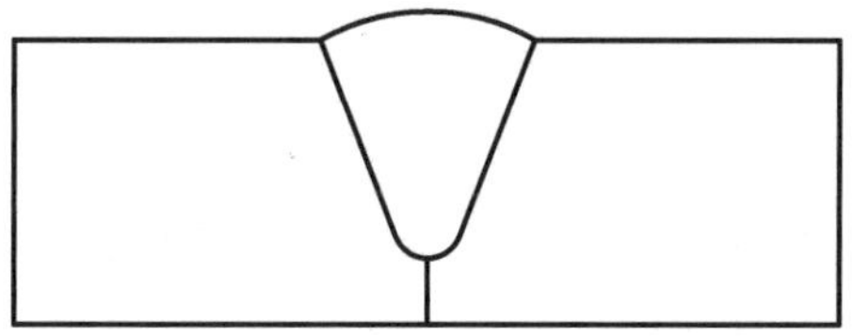　　（正确、错误）

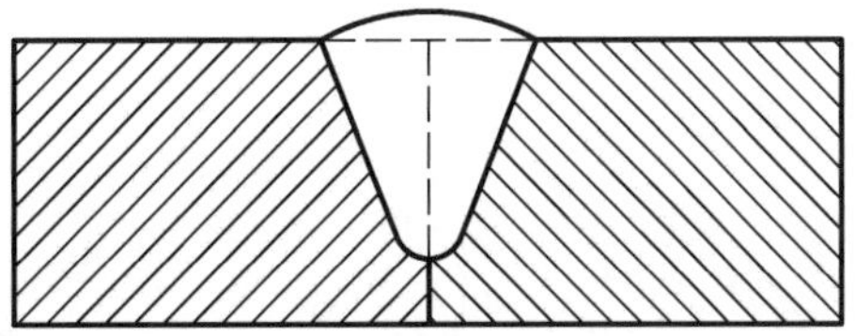

（正确、错误） 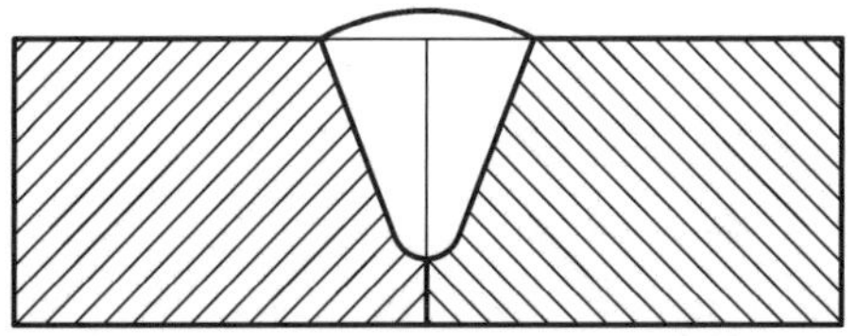　　（正确、错误） 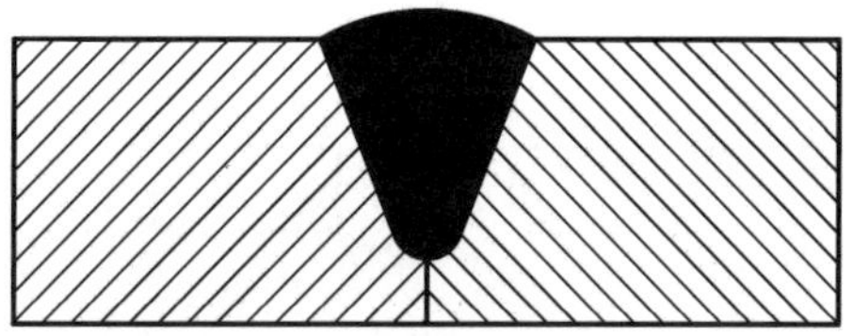　　（正确、错误）

7-2 判断焊缝符号标注是否正确；标注焊缝符号

班级 姓名 学号

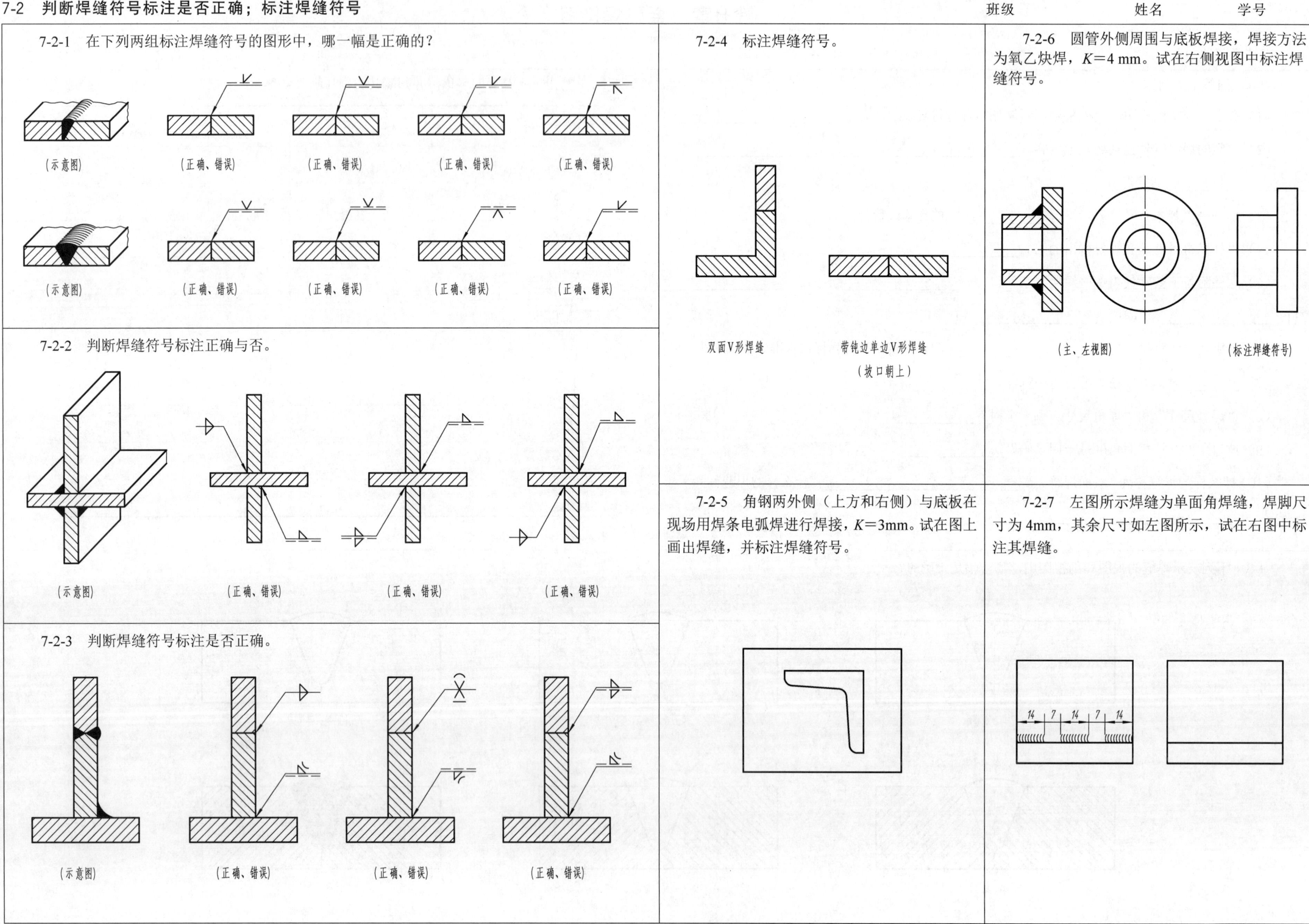

7-3 焊缝画法及标注；读金属焊接图

班级　　　　姓名　　　　学号

7-3-1 根据左图中的焊缝符号，在右图中画出焊缝图形，并标注焊缝尺寸。

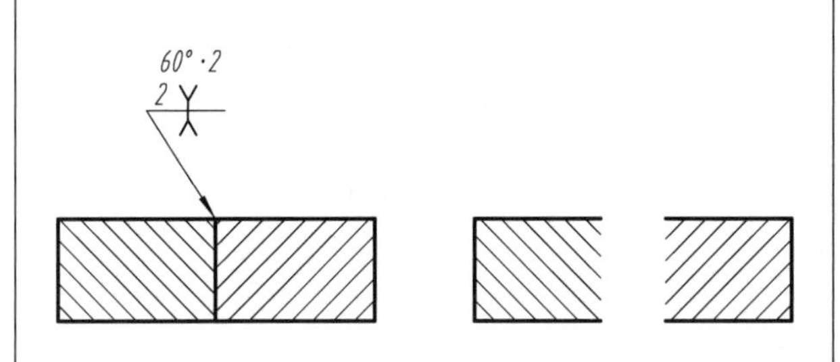

7-3-2 将焊缝符号表达的内容，用图示法表示出来。

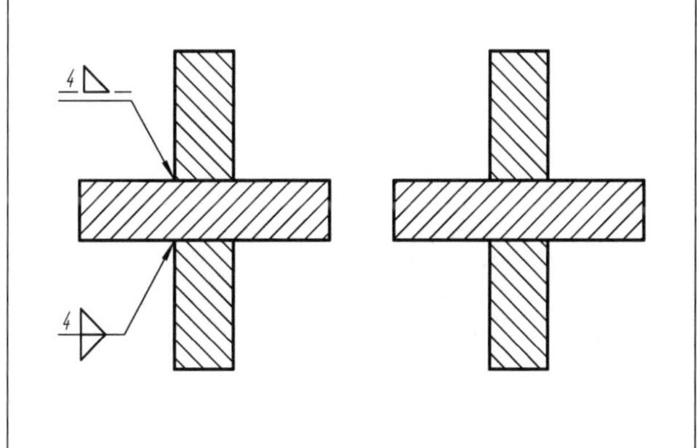

7-3-3 说明焊缝符号的含义。

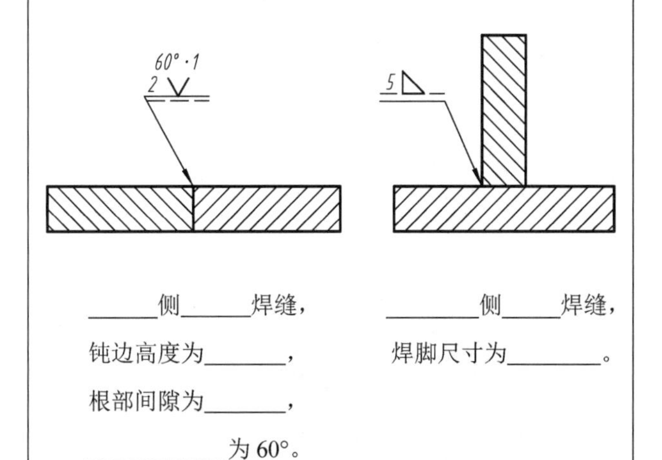

______侧______焊缝，　　　　________侧_____焊缝，

钝边高度为_______，　　　　焊脚尺寸为________。

根部间隙为_______，

___________为 60°。

7-3-4 读上框架梁焊接图，说明图中 5 处焊缝标注的含义，并画出 *A*—*A*、*B*—*B*、*C*—*C* 三个断面图。

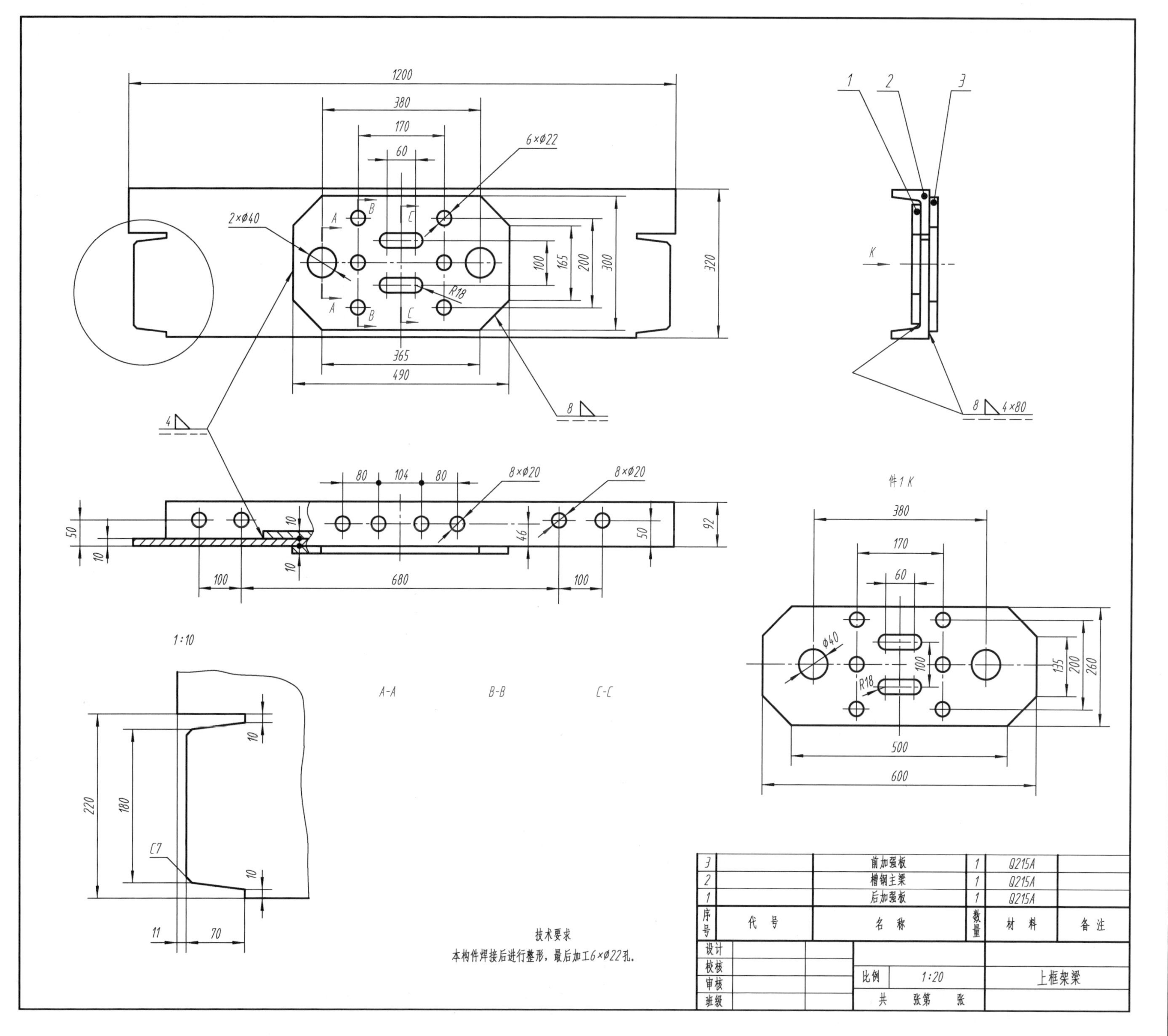

第八章 零件图

8-1 零件的表达方法

班级　　　　姓名　　　　学号

8-1-1 正确选择零件的表达方案，徒手画出零件图（不注尺寸）。

8-1-2 分析视图，想出零件的形状，画出 *K* 向外形视图（尺寸数值由图中量取）。

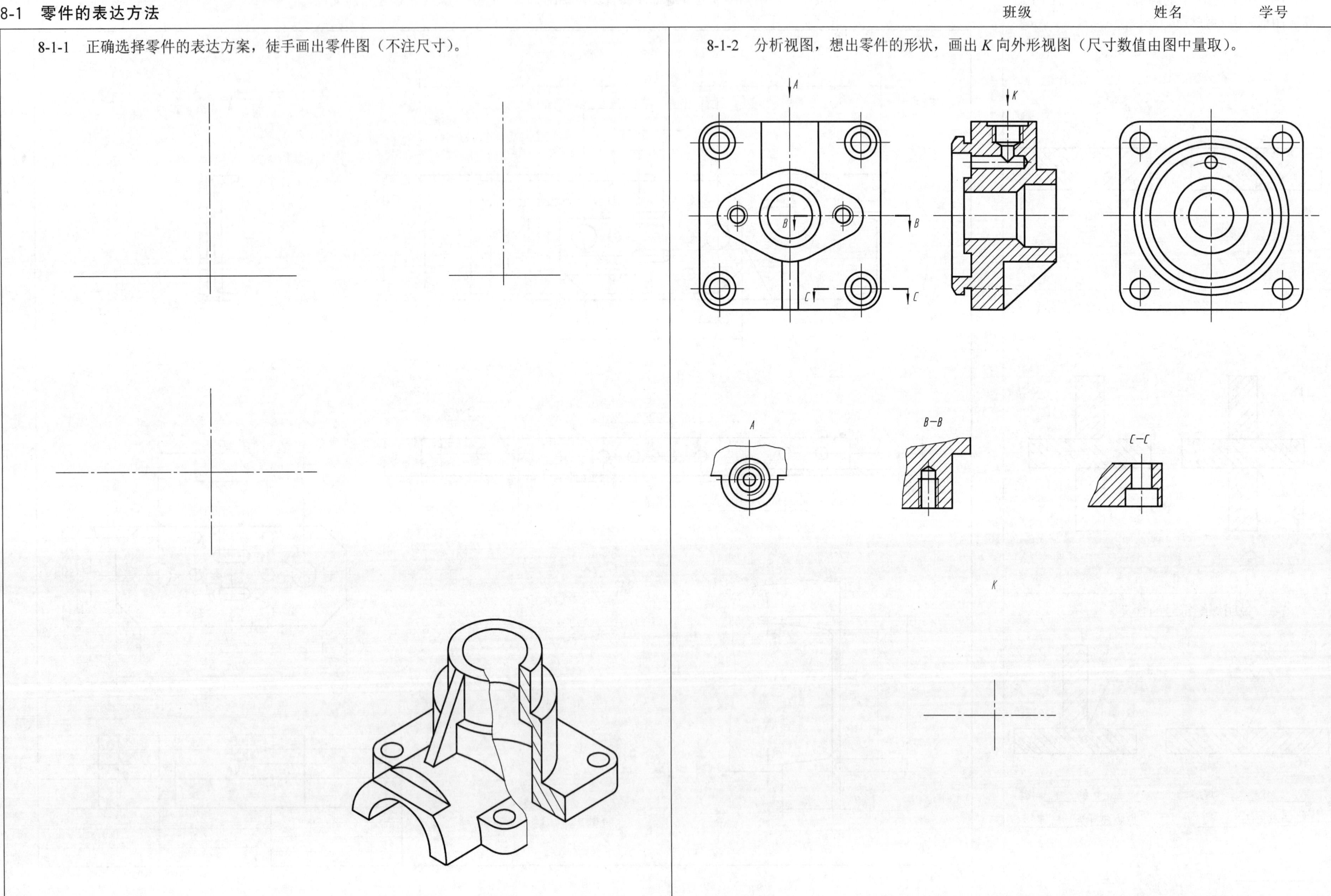

8-2　判断下面八组零件图尺寸标注的正误，用铅笔圈出　　班级　　姓名　　学号

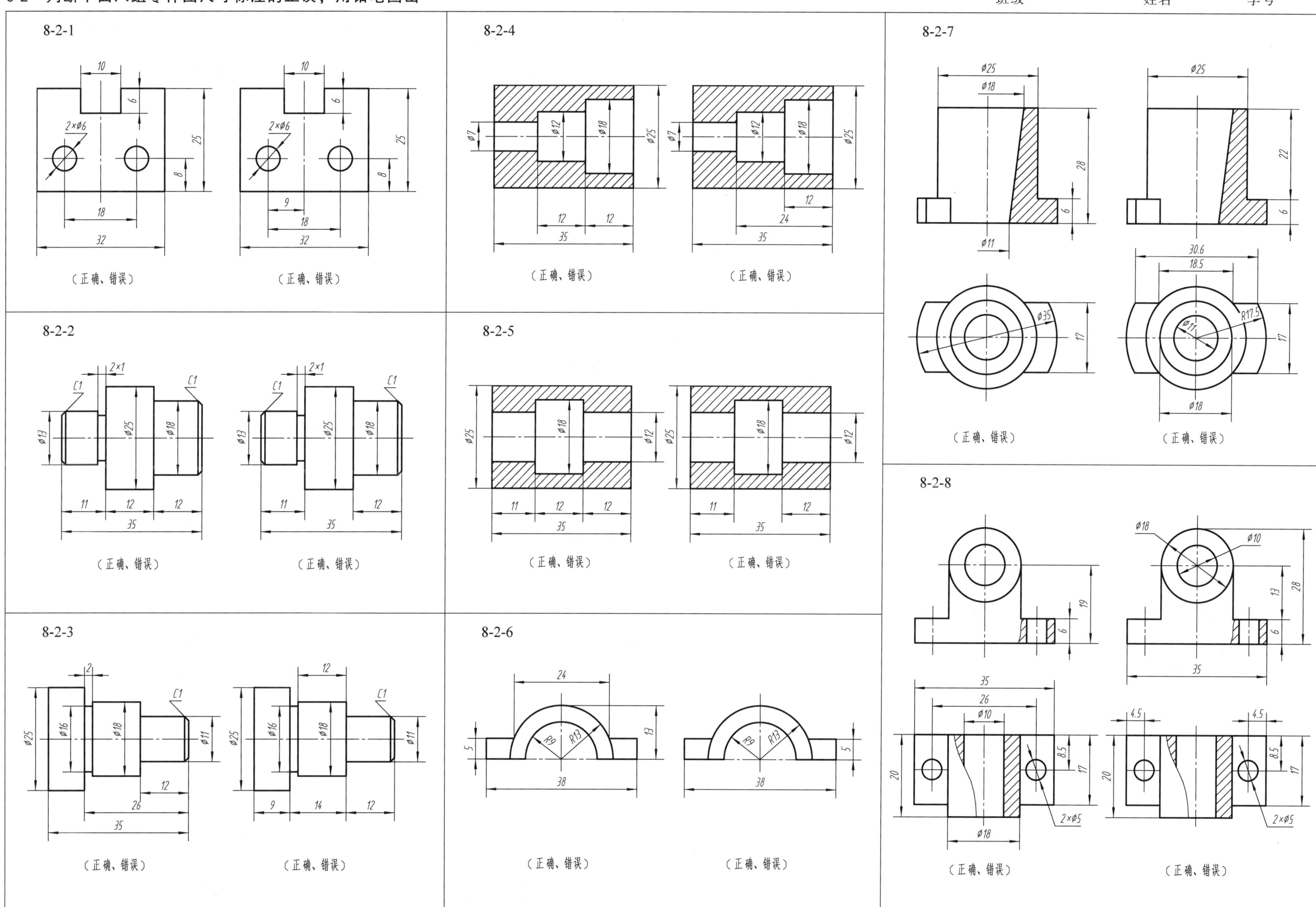

8-3-1 选择尺寸基准并填空。

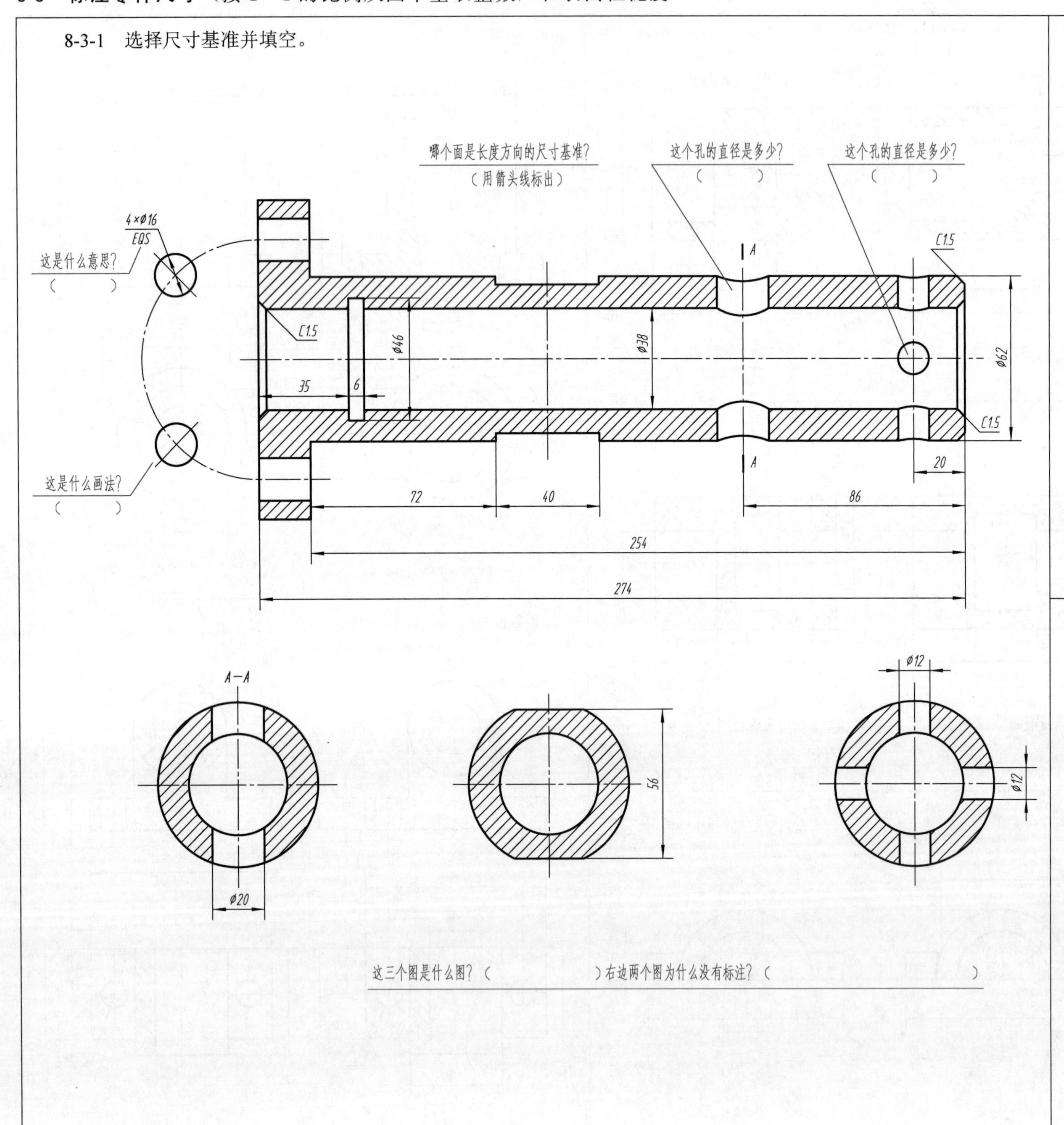

8-3-2 标注零件尺寸，按表中给出的 *Ra* 值，在图中标注表面粗糙度。

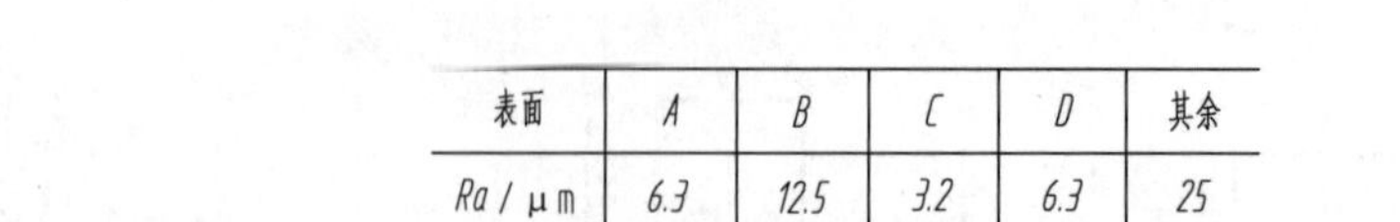

表面	A	B	C	D	其余
Ra / μm	6.3	12.5	3.2	6.3	25

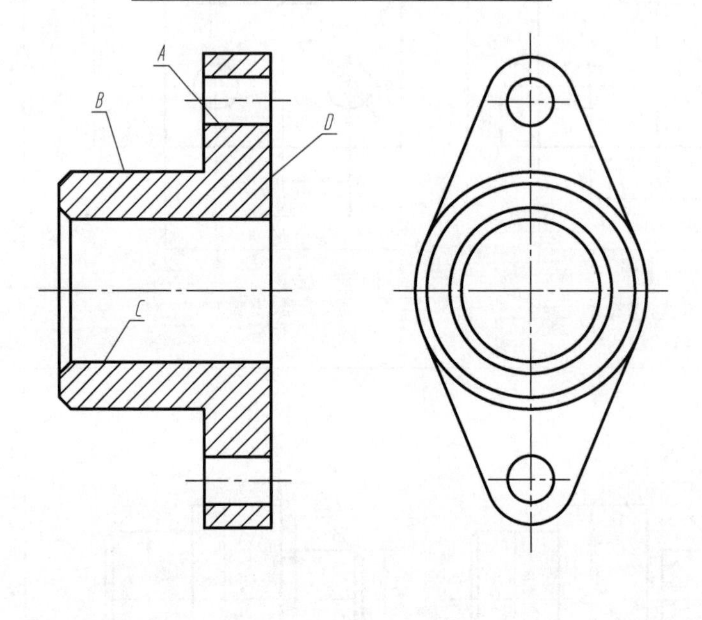

8-3-3 标注零件尺寸，按表中给出的 *Ra* 值，在图中标注表面粗糙度。

表面	A	B	C	D	其余
Ra / μm	6.3	12.5	3.2	6.3	25

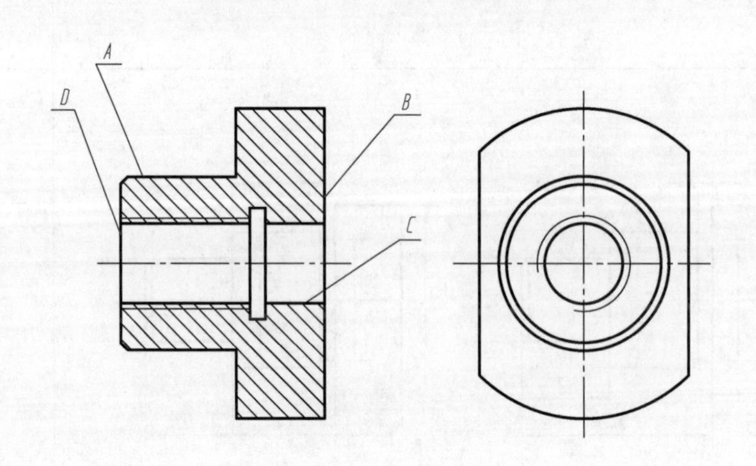

8-4-1 根据图中所标注的尺寸，填写右表。

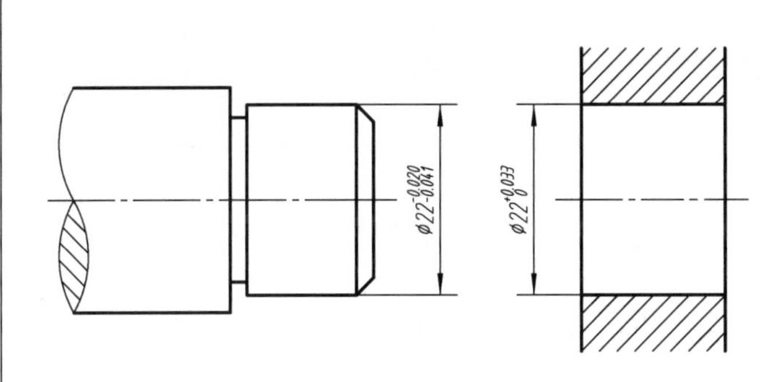

名　称	轴	孔
公称尺寸		
上极限尺寸		
下极限尺寸		
上极限偏差		
下极限偏差		
公　差		

8-4-2 将正确注法写在括号内。

（1）$\phi70_{-0.046}$（　　　　）

（2）$\phi20^{-0.02}_{-0.041}$（　　　　）

（3）$\phi90\pm0.011$（　　　　）

（4）$\phi25^{+0.021}_{0}$（　　　　）

8-4-3 查教材附录，将极限偏差数值填入括号内。

（1）ϕ50H8（　　　　）

（2）ϕ20JS7（　　　　）

（3）ϕ40f8（　　　　）

（4）ϕ50h7（　　　　）

8-4-4 查教材附录，将公差带代号写在公称尺寸之后。

孔 $\phi30$　$\left(^{+0.033}_{0}\right)$

孔 $\phi40$　$\left(^{-0.008}_{-0.033}\right)$

轴 $\phi35$　$\left(^{0}_{-0.039}\right)$

轴 $\phi60$　$\left(^{+0.030}_{+0.011}\right)$

8-4-5 解释配合代号的含义，并查出极限偏差数值，标注在图上。

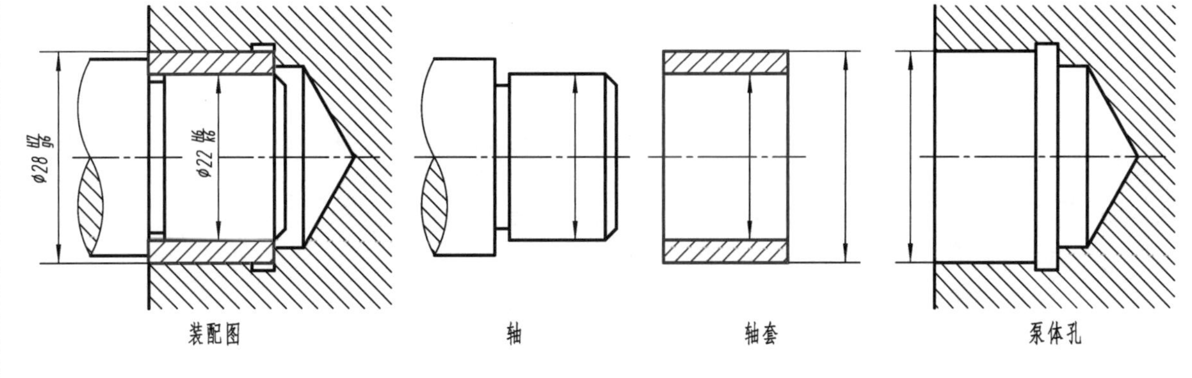

（1）轴套对泵体孔（ϕ28H7/g6）：公称尺寸为________，基_____制，公差等级为___________ ___________，________配合。

（2）轴套外径的上极限偏差为_________，下极限偏差为_________；泵体孔的上极限偏差为___________，下极限偏差为_______。

（3）轴套对轴径（ϕ22H6/k6）：公称尺寸为_______，基______制，公差等级为_____________ ___________，________配合。

（4）轴套内孔的上极限偏差为_________，下极限偏差为___；轴径的上极限偏差为__________，下极限偏差为_____________。

8-4-6 根据孔和轴的极限偏差值，查表确定其配合代号后分别注出，并解释配合代号的含义。

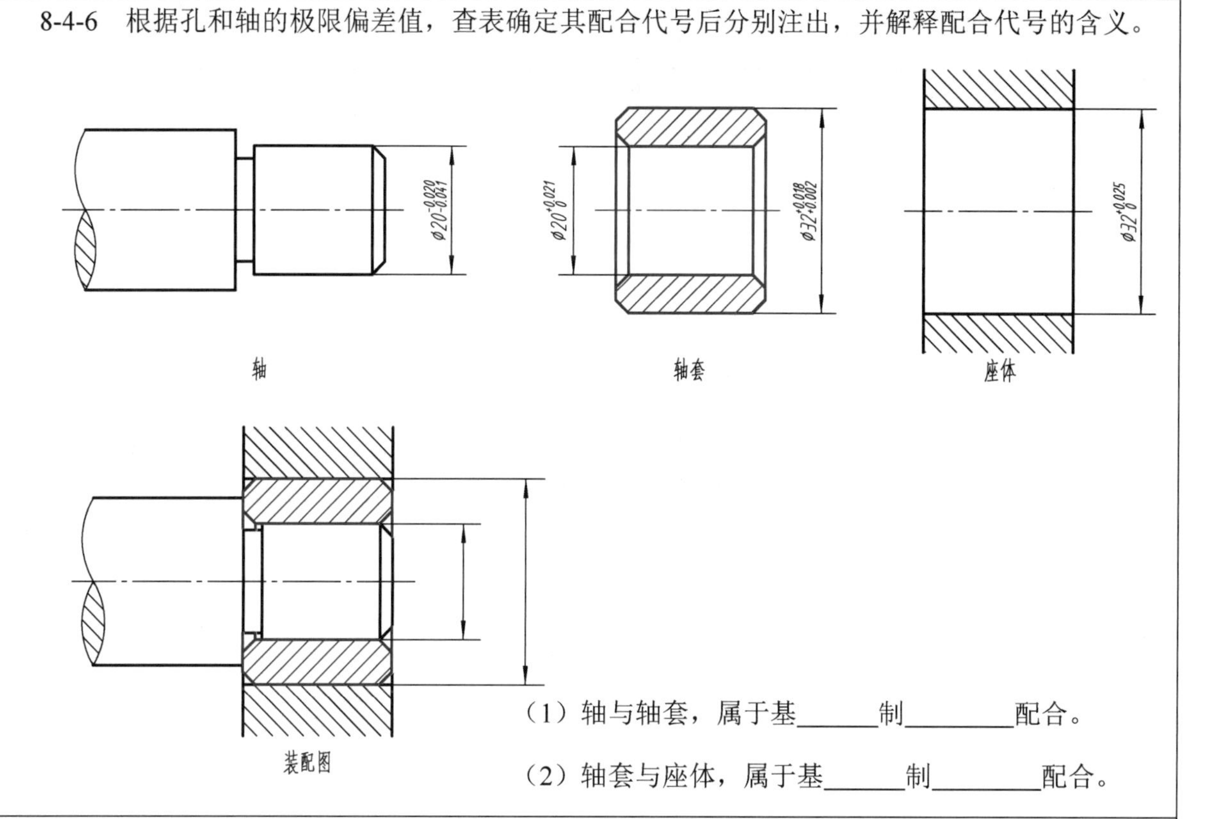

（1）轴与轴套，属于基______制________配合。

（2）轴套与座体，属于基______制________配合。

8-4-7 分析左图中尺寸公差与配合的标注错误，并在右图中正确标注。提示：孔和轴的极限偏差数值，应查阅教材附录进行核对后，取规定的标准值分别注出。

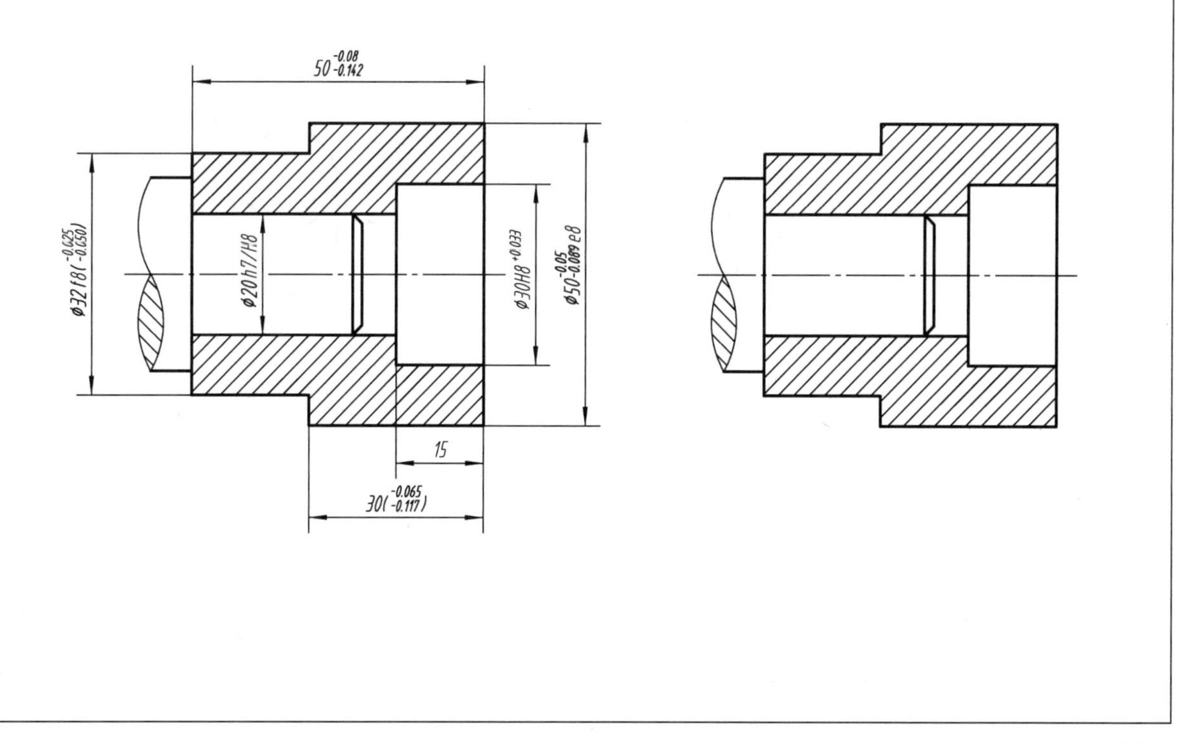

8-5-1 轴零件图。

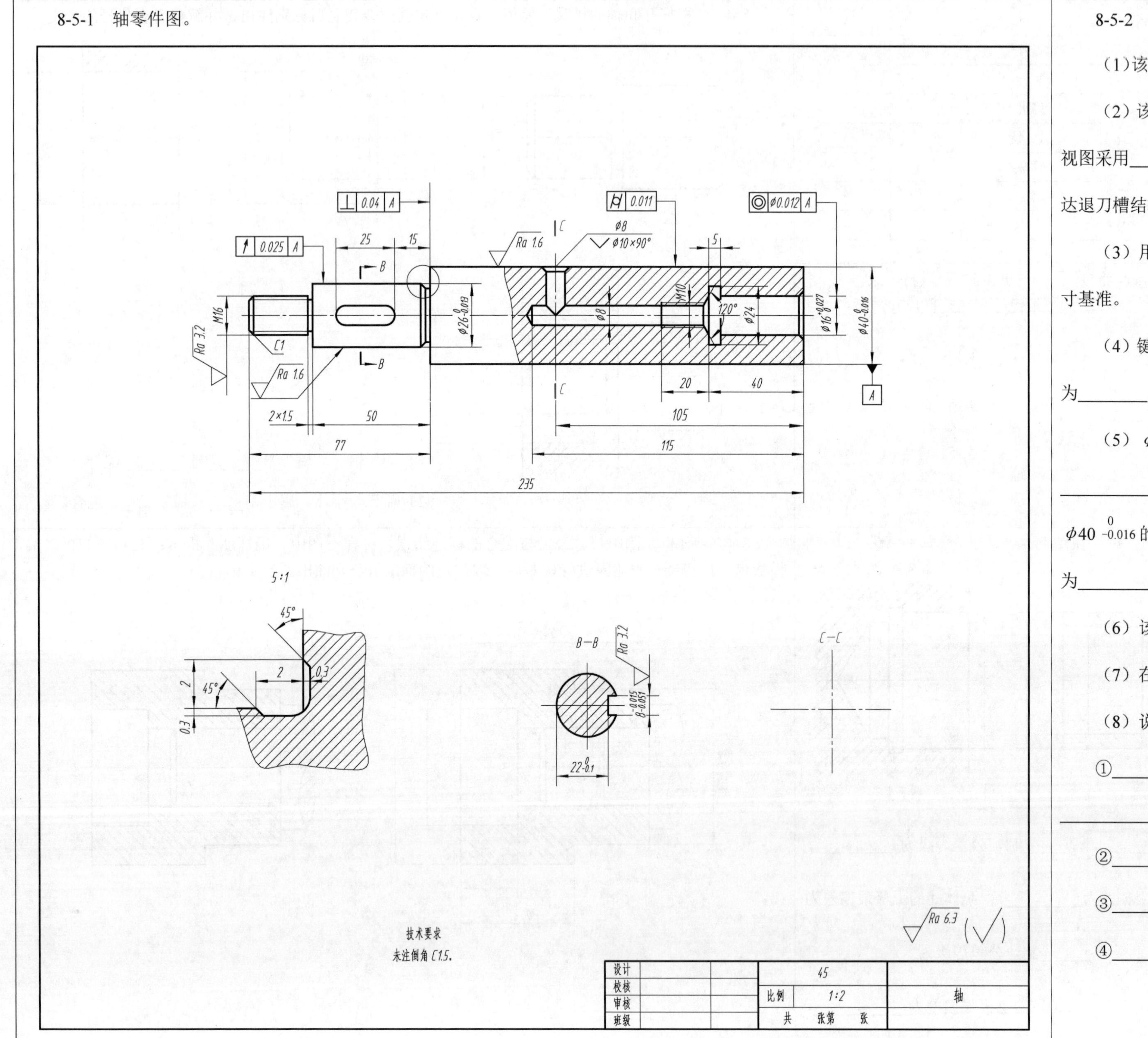

8-5-2 回答下列问题。

(1)该零件属于_____类零件，材料为____，绘图比例为_____。

(2) 该零件图采用___个基本视图表达零件的结构和形状。主视图采用_______剖视，表达轴的内部结构；此外采用_________表达退刀槽结构；采用__________，表达键槽处断面形状。

(3) 用指引线和文字在图中注明径向尺寸基准和轴向主要尺寸基准。

(4) 键槽长度为______，宽度为_______，长度方向定位尺寸为_______，注出 $22_{-0.1}^{0}$ 是便于________。

(5) $\phi 26_{-0.013}^{0}$ 的上极限尺寸是___________，下极限尺寸是___________，公差为_______，查教材附录，其公差带代号为____。$\phi 40_{-0.016}^{0}$ 的上极限偏差是____，下极限偏差是__________，公差为__________。

(6) 该轴的表面粗糙度要求最高的 *Ra* 值为__________。

(7) 在图中指定位置画出 *C*—*C* 断面图。

(8) 说明几何公差代号的含义。

①____

②____

③____

④____

8-6-1　端盖零件图。

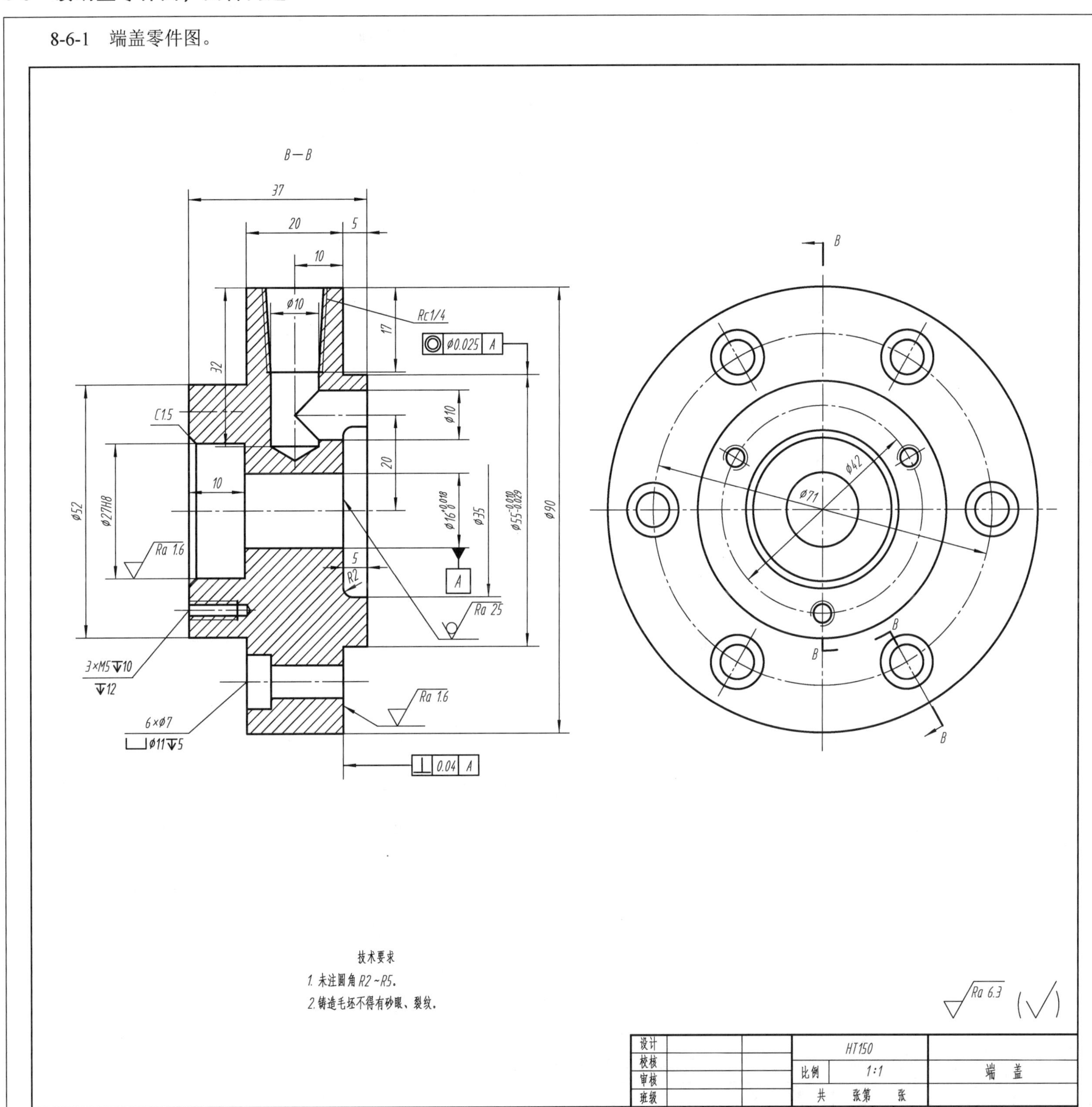

8-6-2　回答下列问题。

（1）该零件属于________类零件，材料为_________，绘图比例为________。

（2）该零件图采用___个基本视图。主视图采用____剖视，它的剖切位置在____视图中注明，剖切面的种类_______________。

（3）在图中指出三个方向的主要尺寸基准（用箭头线指明引出标注）。

（4）ϕ27H8 的公称尺寸为_______，基本偏差代号为_____，标准公差为 IT_____。

（5）查教材附录，确定下列公差带代号：

$\phi16^{+0.018}_{0}$ ______；$\phi55^{-0.010}_{-0.029}$ ______。

（6）端盖大多数表面的表面粗糙度为_______。解释图中尺寸 $\frac{6\times\phi7}{⌴\phi11↧5}$ 的含义。______________________________

（7）画出端盖的右视外形图（另用图纸）。

（8）说明几何公差代号的含义（按自上而下顺序）。

①______________________________

②______________________________

8-7-1 十字接头零件图。

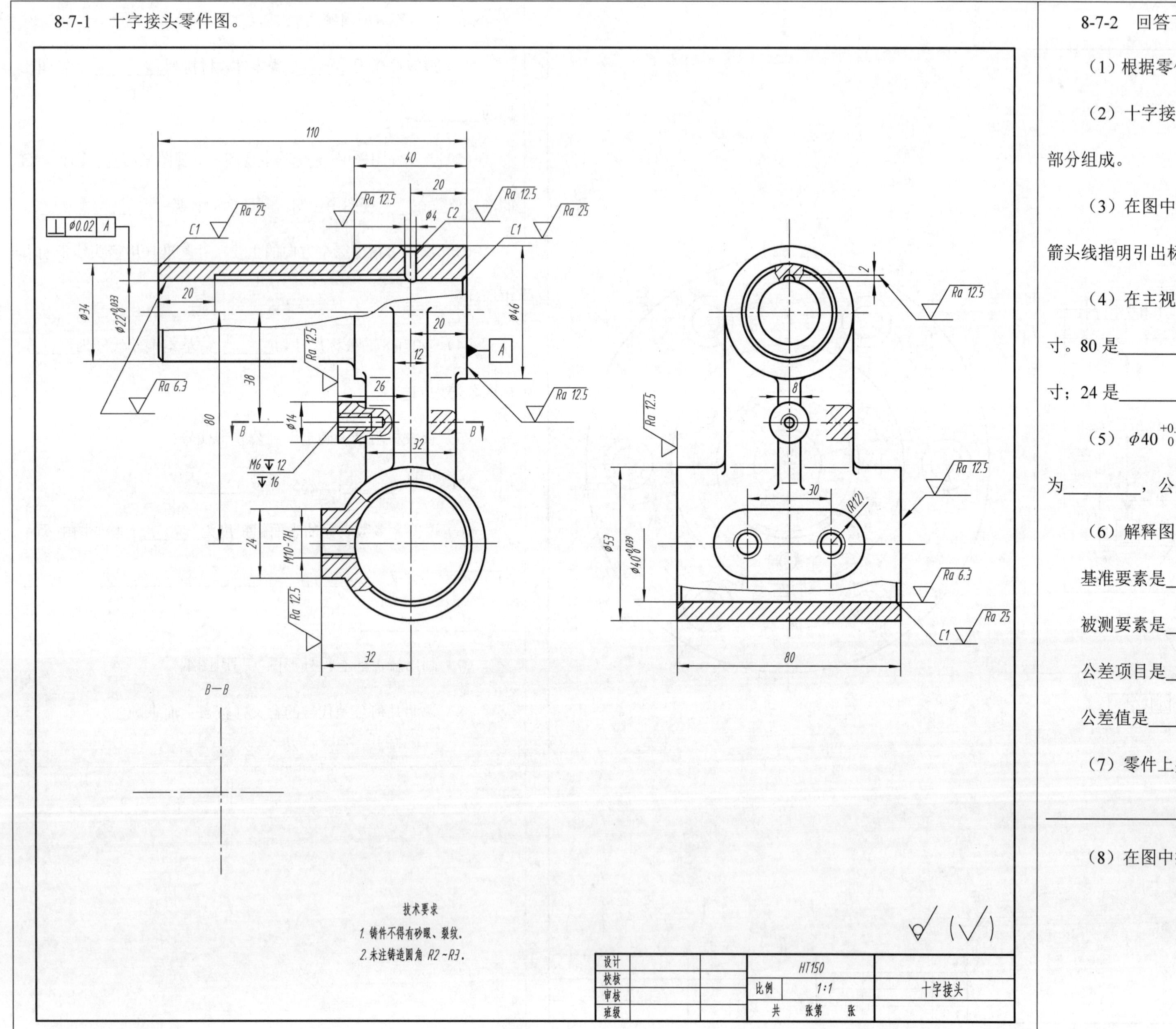

8-7-2 回答下列问题。

（1）根据零件名称和结构形状，此零件属于________类零件。

（2）十字接头的结构由________部分________部分和______部分组成。

（3）在图中指出长度、宽度、高度方向的主要尺寸基准（用箭头线指明引出标注）。

（4）在主视图中，下列尺寸属于哪种类型（定形、定位）尺寸。80 是________尺寸；38 是________尺寸；40 是________尺寸；24 是________尺寸；$\phi22^{+0.033}_{0}$ 是________尺寸。

（5）$\phi40^{+0.039}_{0}$ 的上极限尺寸为____________，下极限尺寸为________，公差为__________。

（6）解释图中几何公差的含义：

基准要素是____________________

被测要素是____________________

公差项目是______________

公差值是______________

（7）零件上共有____个螺孔，它们的尺寸分别是____。

（8）在图中指定位置画出 $B—B$ 断面图。

8-8-1 读支座零件图，画出 C—C 半剖视图（按图形大小量取尺寸）；标出三个方向主要尺寸基准（用箭头线指明引出标注）。

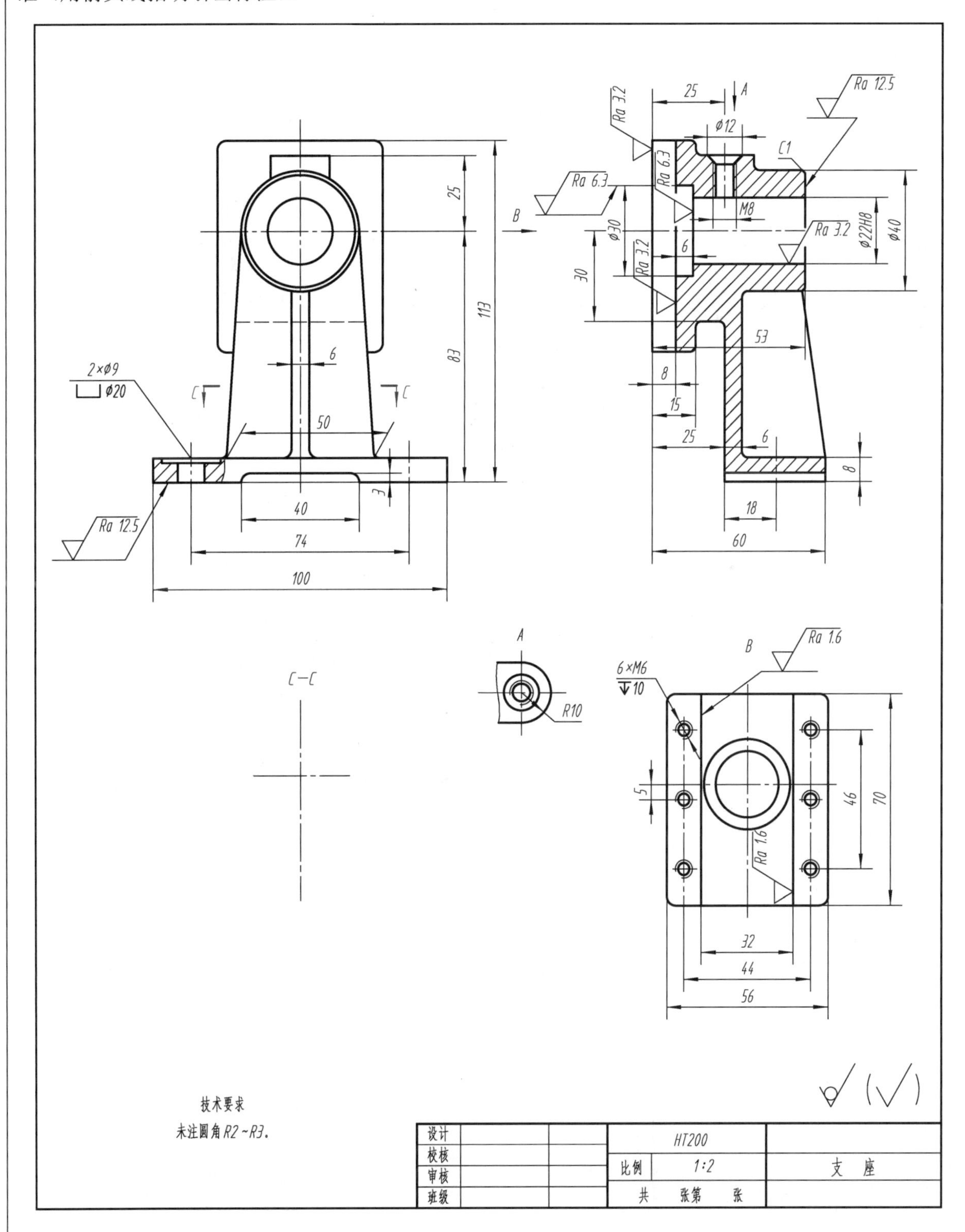

8-8-2 读底座零件图，画出左视图外形（按图形大小量取尺寸，不画虚线）；标出三个方向主要尺寸基准（用箭头线指明引出标注）。

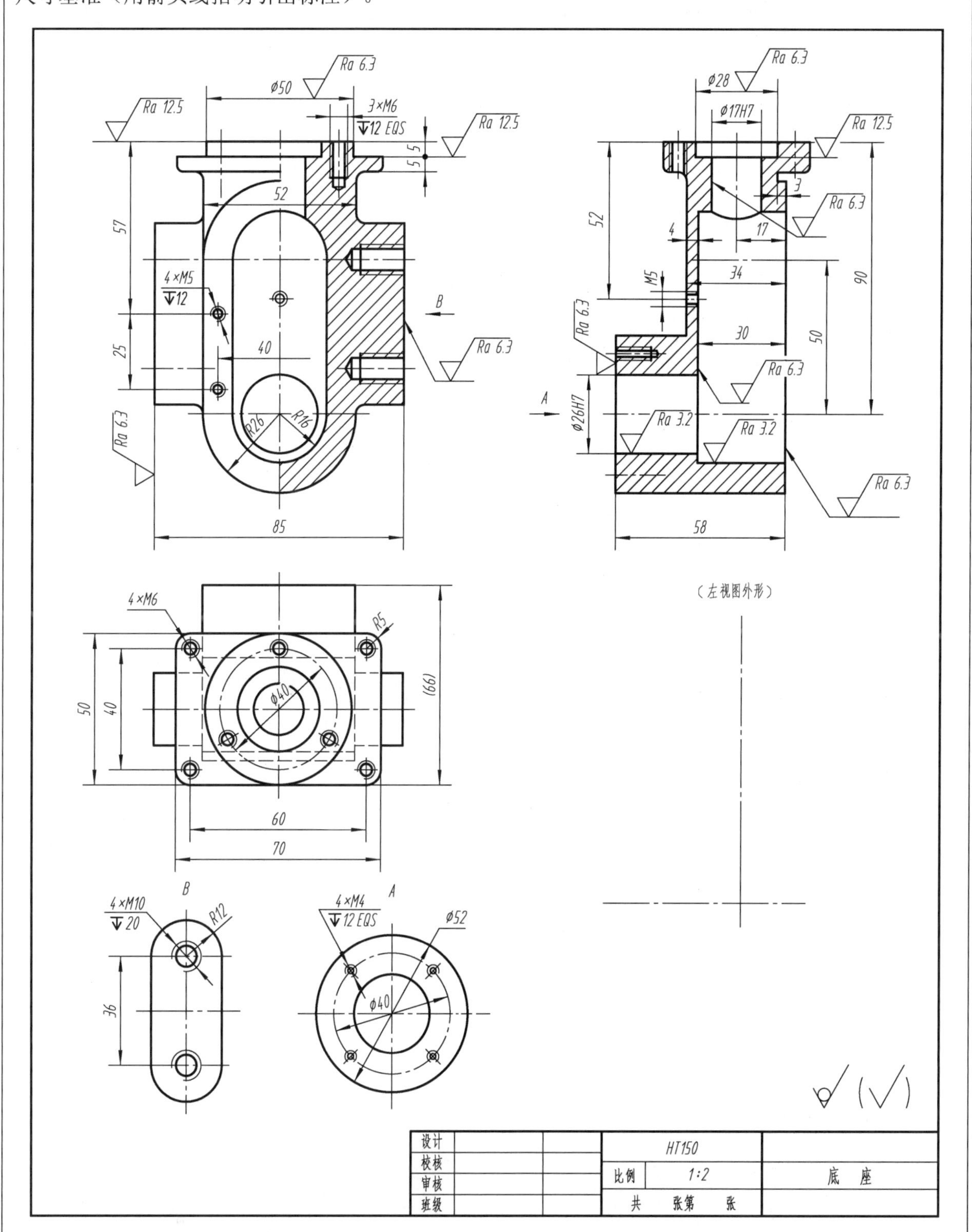

№5 零件测绘指导书

一、目的

（1）掌握测绘的基本技能和绘制零件图的方法。

（2）学习典型零件的表达方法及典型结构的查表方法。

（3）掌握表面粗糙度及公差的标注方法，以及正确选择尺寸基准和尺寸标注方法。

（4）掌握一般的测量方法和测绘工具的使用方法。

二、内容与要求

（1）根据零件的轴测图（或实物），选择表达方案，徒手画出 1 个零件的草图，用 A3 图纸或坐标纸。

（2）根据零件草图，测量零件尺寸并选择技术要求。绘制完成零件图，绘图比例和图幅自定。

三、注意事项

（1）绘制草图，应在徒手目测的条件下进行，不得使用绘图仪器。图中的线型、字体按标准要求绘制。

（2）测量尺寸时应注意，对于重要尺寸应尽量优先测量。要掌握量具的正确使用方法，对于精度较高的尺寸应用游标卡尺、千分尺等测量。对于精度低的尺寸，可用内、外卡钳和钢直尺等测量。测量时要正确选择基准，由基准面开始测量。测量过程中尽量避免尺寸换算，以减少差错。

（3）对于零件上的圆角、退刀槽、键槽等标准结构，应查阅相关标准。

（4）表面粗糙度、极限与配合、几何公差等内容，请参看教材，在教师指导下选用。

（5）在画零件图时，标注尺寸不能照抄零件草图中的尺寸。草图中尺寸多，画零件图时应重新调整。

8-9-1 输出轴轴测图。

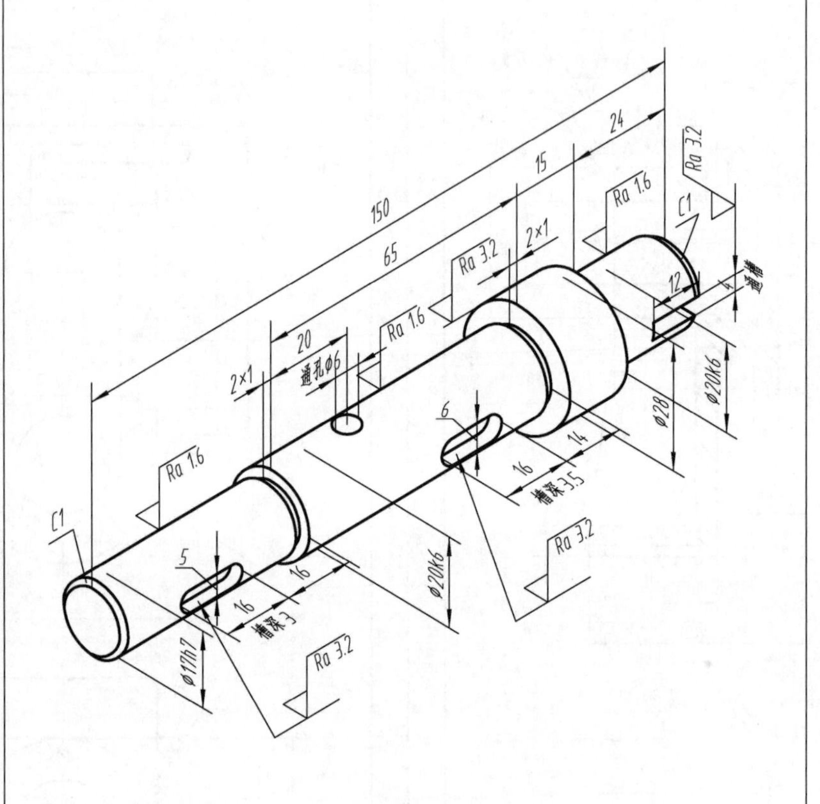

（注：键槽底面的表面粗糙度为 Ra 6.3 μm）

名称：输出轴
材料：45

技术要求
1. 淬火硬度 40~50HRC.
2. 去除毛刺.

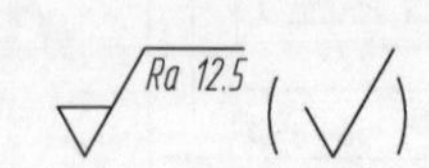

8-9-2 轴承座轴测图。

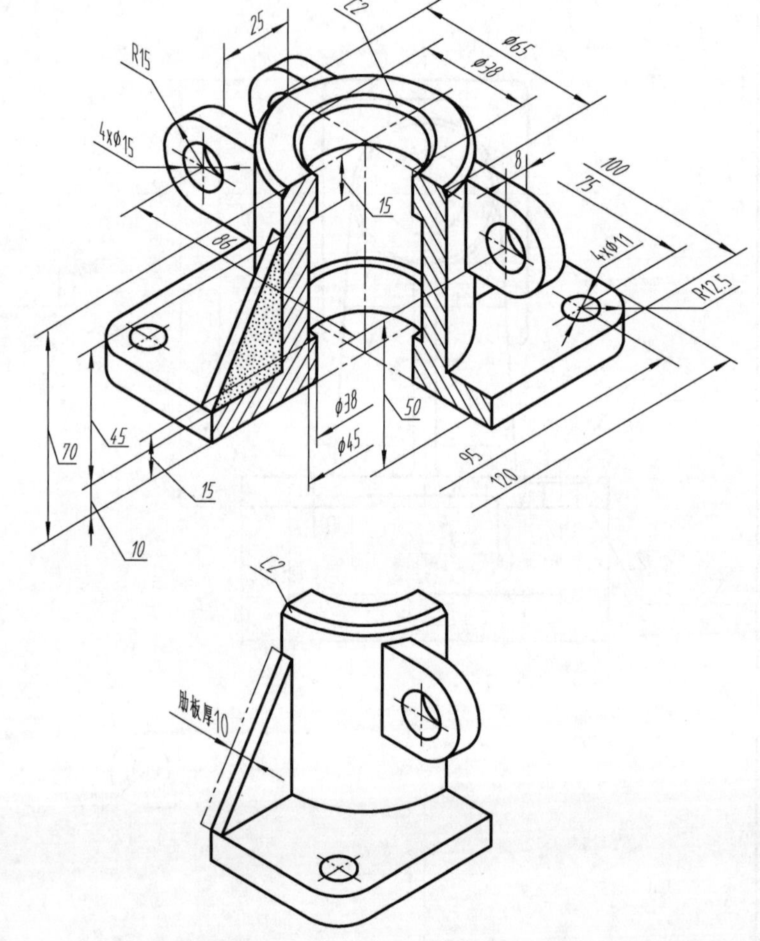

说　明

1. 4×φ11 孔的表面粗糙度为 Ra 12.5 μm.
2. 4×φ15 孔的表面粗糙度为 Ra 12.5 μm.
3. φ38 孔(两处)的表面粗糙度为 Ra 6.3 μm.
4. 轴承座顶面及内外两处倒角的表面粗糙度为 Ra 12.5 μm.
5. 轴承座底面的表面粗糙度为 Ra 25 μm.
6. 其他表面为非加工面，由铸造直接获得.

名称：轴承座
材料：HT150

第九章　装　配　图

9-1　阅读千斤顶装配图

班级　　　　　　　　姓名　　　　　　学号

9-1-1　千斤顶装配图。

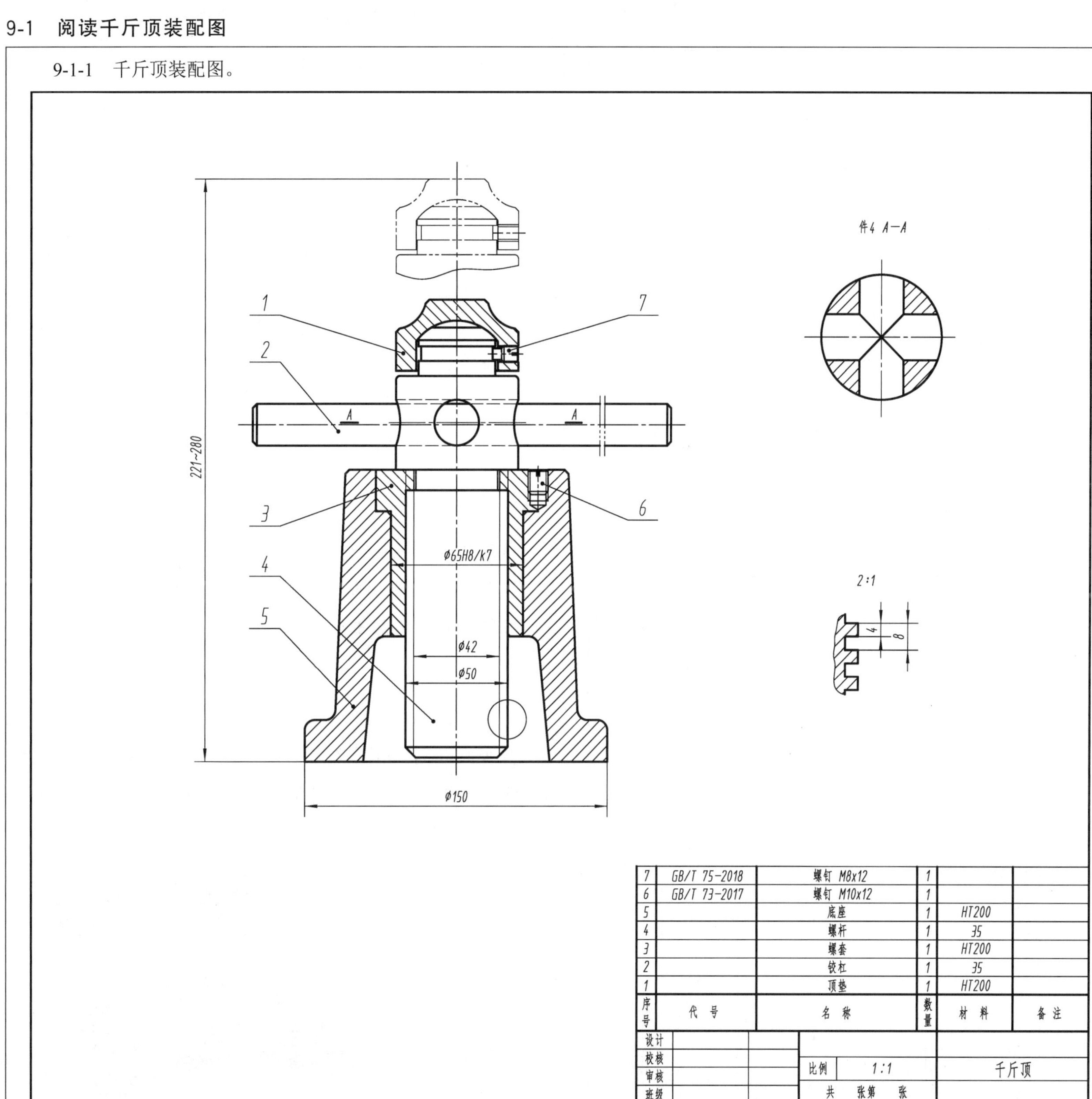

7	GB/T 75-2018	螺钉 M8x12	1		
6	GB/T 73-2017	螺钉 M10x12	1		
5		底座	1	HT200	
4		螺杆	1	35	
3		螺套	1	HT200	
2		铰杠	1	35	
1		顶垫	1	HT200	
序号	代号	名称	数量	材料	备注

设计				
校核			比例 1:1	千斤顶
审核				
班级			共　张第　张	

9-1-2　阅读千斤顶装配图，回答下列问题。

（1）千斤顶由_____种零件组成，有_____个标准件。

（2）装配图的主视图上采用了______剖视和_________画法、________画法。右侧两个小图分别是______________和________________。

件_____、件_____在剖视中按不剖切处理，原因是___________________；件_____、件_____在剖视中按不剖切处理，原因是_______________。

（3）根据视图想零件形状，分析零件类型。千斤顶多数零件都属于哪一类零件______________。

（4）ϕ65H8/k7 是件______与件______的________尺寸。件 3 的公差带代号为______，件 5 的公差带代号为______。它们之间的配合是__________配合。

（5）为了提供更大的摩擦力和自锁性，件 3 与件 4 之间的螺纹采用______________。

（6）另用图纸画出件 2 和件 3 的零件图。按图形实际大小，用 1∶1 的比例画图，并标注尺寸。

9-2-1 定位器装配图。

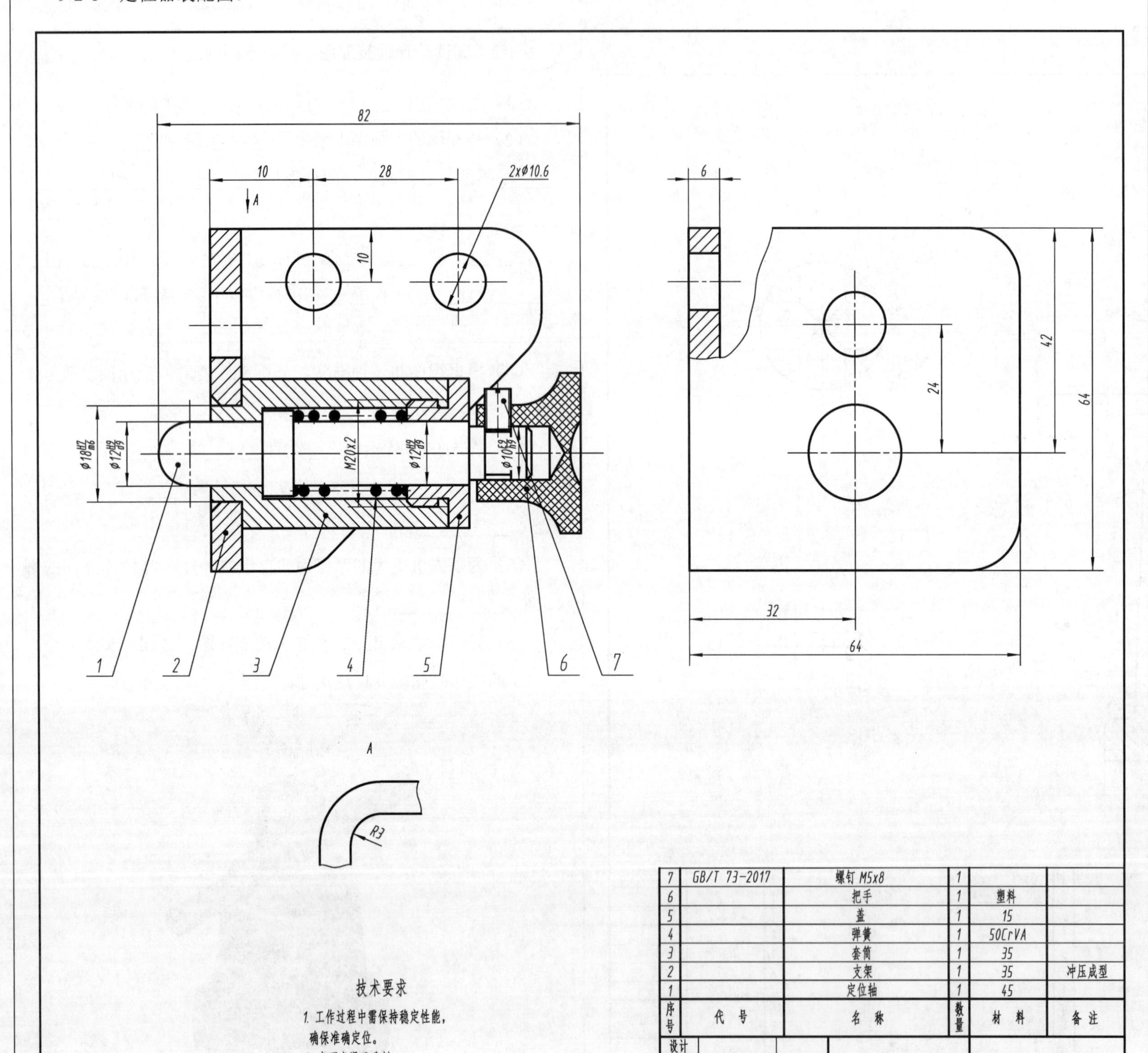

序号	代号	名称	数量	材料	备注
7	GB/T 73-2017	螺钉 M5x8	1		
6		把手	1	塑料	
5		盖	1	15	
4		弹簧	1	50CrVA	
3		套筒	1	35	
2		支架	1	35	冲压成型
1		定位轴	1	45	

设计				
校核			比例 2:1	定位器
审核				
班级			共 张第 张	

9-2-2 阅读定位器装配图，回答下列问题。

（1）该定位器的绘图比例是__________。

（2）装配图由_____个基本视图组成，分别是_____________和___________。主视图采用了______剖视、左视图采用了______剖视。主视图下方的图形是________视图，用来表达_____号件弯折处的结构和尺寸。

（3）根据视图分析判断 1 号件定位轴的左端是什么形状？_________。

（4）ϕ12H9/d9 是件_____与件_____的________尺寸。件 1 的公差带代号为______，件 3 的公差带代号为______。它们之间的配合是__________配合。

（5）ϕ10F9/h9 是件_____与件_____的________尺寸。件 1 的公差带代号为______，件 6 的公差带代号为______。它们之间的配合是__________配合。

（6）件 7 的作用是__________。

（7）另用图纸画出件 1、件 2 的零件图。按图形实际大小以 1∶1 的比例画图，不注尺寸。

定位器工作原理

定位器安装在设备的机箱内壁上。工作时定位轴的一端插入被固定零件的孔中，当该零件需要变换位置时，应拉动把手 6，将定位轴从该零件的孔中拉出；松开把手，弹簧 4 使定位轴恢复原位。

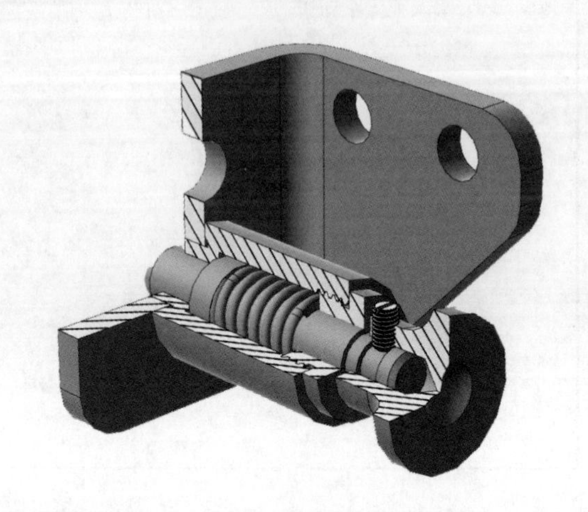

9-3-1　钻模装配图。

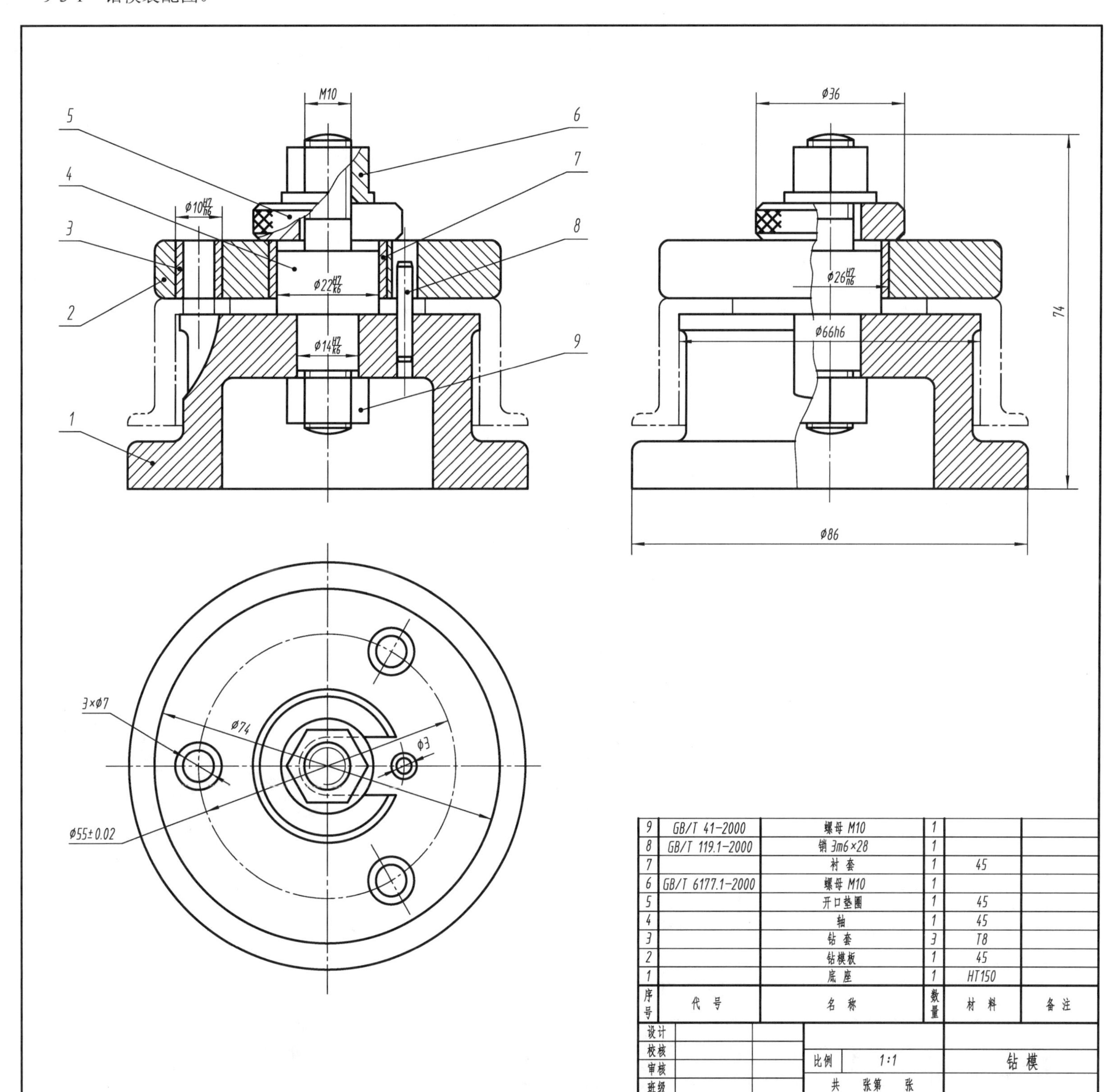

9	GB/T 41-2000	螺母 M10	1		
8	GB/T 119.1-2000	销 3m6×28	1		
7		衬套	1	45	
6	GB/T 6177.1-2000	螺母 M10	1		
5		开口垫圈	1	45	
4		轴	1	45	
3		钻套	3	T8	
2		钻模板	1	45	
1		底座	1	HT150	
序号	代号	名称	数量	材料	备注

设计				
校核			比例 1:1	钻模
审核				
班级			共　张第　张	

9-3-2　阅读钻模装配图，回答下列问题。

（1）该钻模由_____种零件组成，有_____个标准件。

（2）装配图由_____个基本视图组成，分别是________、__________和__________。主、左视图分别采用了________剖视。被加工件采用________画法表达。

（3）俯视图中细虚线表示件_____中的结构。

（4）根据视图想零件形状，分析零件类型。

属于轴套类零件的有：________、______、________。

属于盘盖类零件的有：__________、__________。

属于箱体类零件的有：________。

（5）ϕ66h6 是____________尺寸，ϕ86、74 是______尺寸。

（6）件 8 的作用是________。

（7）怎样取下被加工零件？____。

（8）另用图纸画出件 1 的俯视图（只画外形，不画细虚线）。按图形实际大小以 1∶1 的比例画图，不注尺寸。

9-4-1 管钳装配图。

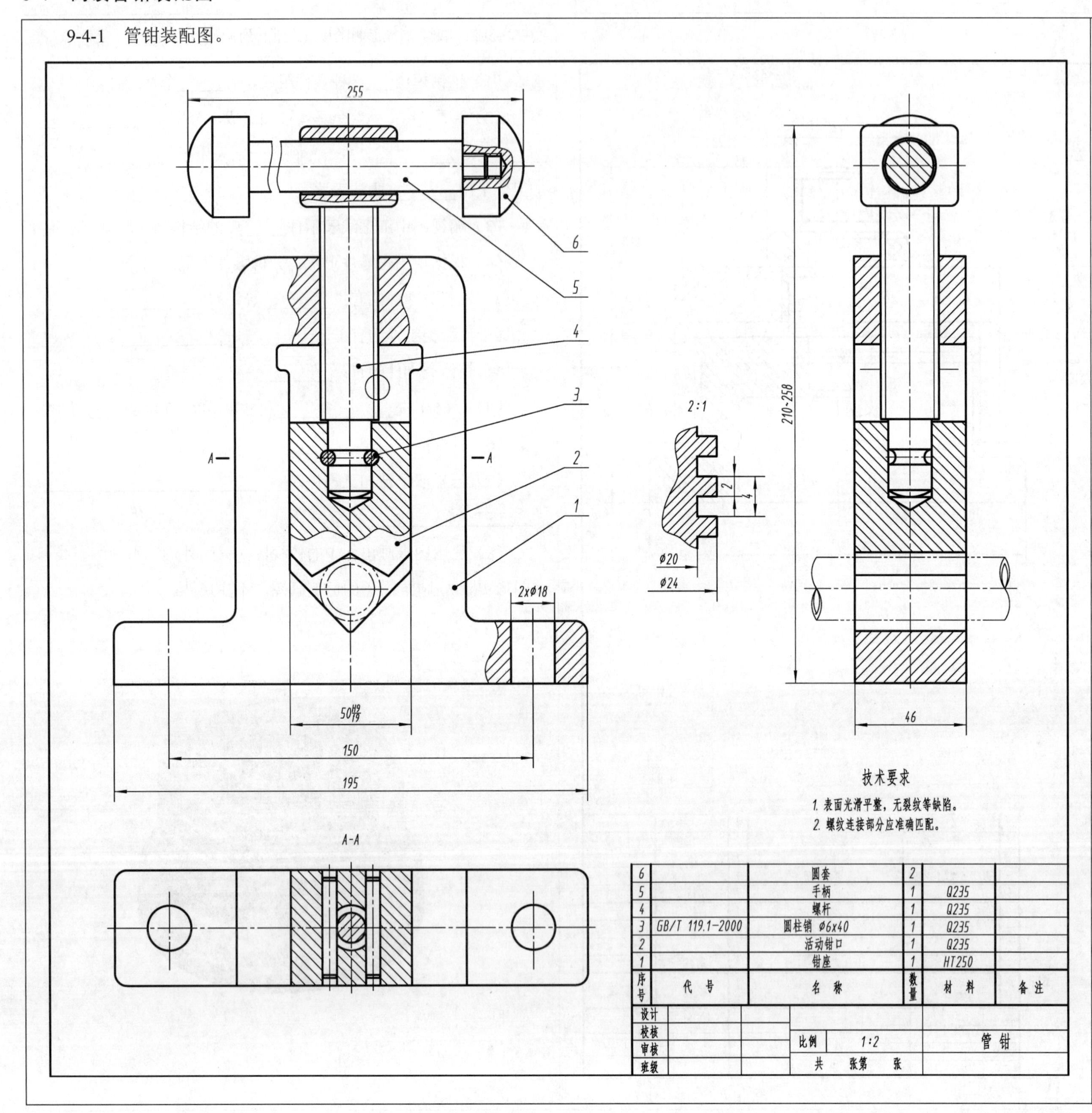

序号	代号	名称	数量	材料	备注
6		圆套	2		
5		手柄	1	Q235	
4		螺杆	1	Q235	
3	GB/T 119.1-2000	圆柱销 ϕ6x40	1	Q235	
2		活动钳口	1	Q235	
1		钳座	1	HT250	

9-4-2 阅读管钳装配图，回答下列问题。

（1）该管钳的绘图比例是__________。

（2）装配图由_____个视图组成，分别为______________、__________、__________和___________。______视图反映了旋塞的工作原理。主、左视图都采用了_________画法，表示管钳的工作状况。

（3）钳座（件 1）与螺杆（件 4）是________连接；螺杆（件 4）与活动钳口（件 2）是______连接。为了提供更大的摩擦力和自性，钳座与螺杆之间的螺纹采用______________。

（4）件 1 与件 2 是__________制__________配合。

（5）逆时针旋转手柄时，活动钳口________；顺时针旋转手柄时，活动钳口________。

（6）该管钳的总体尺寸分别是总长________，总宽________，总高____________。

（7）读懂装配图，拆画出件 1 的零件图。根据装配图的实际大小按 1∶2 的比例画图，不注尺寸。

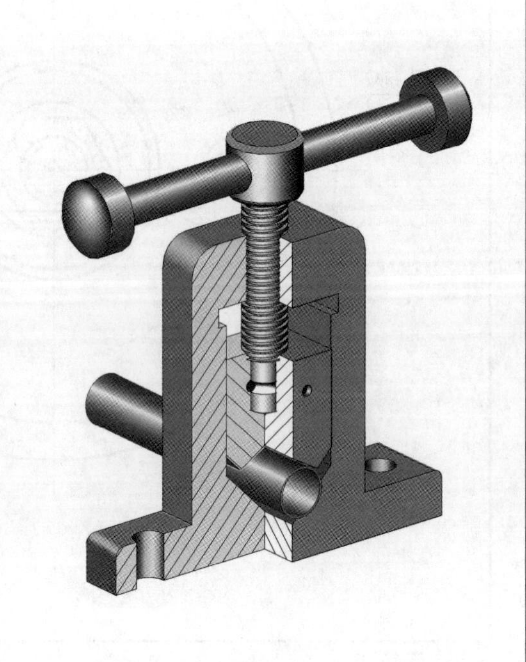

9-5-1 液压缸装配图。

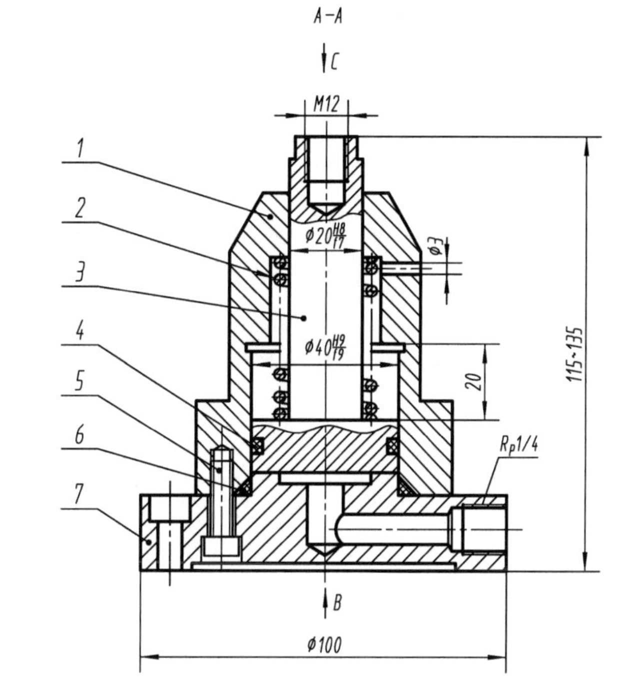

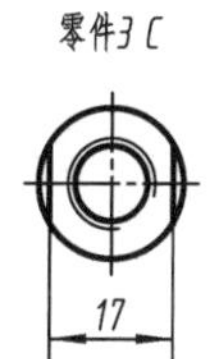

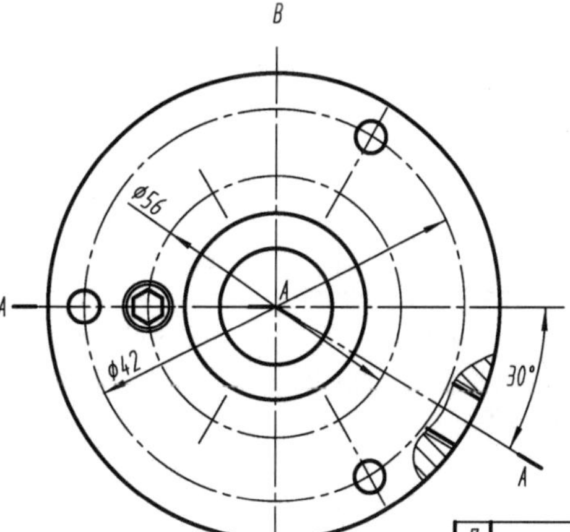

技术要求

1. 活塞工作时无爬行现象。
2. 油压在0.4MPa时无漏油现象。

序号	代号	名称	数量	材料	备注
7		端盖	1	35	
6		密封圈	1	耐油橡胶	
5	GB/T 70.1-2008	螺钉 M6x20	6		
4		密封圈	1	耐油橡胶	
3		活塞	1	40Cr	
2		弹簧	1	65Mn	d=2.5 D=25
1		缸体	1	45	

设计				
校核			比例 1:2	液压缸
审核				
班级			共 张第 张	

9-5-2 阅读液压缸装配图，回答下列问题。

（1）液压缸装配图的绘图比例是________。

（2）该装配图上有______个基本视图、一个______视图，右侧的小图是_______画法，是活塞（件3）的C向____________。主视图采用了______剖视，因为活塞（件3）是___________，所以按不剖切处理，仅在需要表达内部结构的位置做出了__________。

（3）由明细栏看出，液压缸有2种_________零件，5种__________零件。

（4）端盖（件7）与缸体（件1）用____个_______连接。

（5）ϕ20H8/f7 的含义是：ϕ20____________，H表示____________，f表示___________，8、7表示__________，该配合属于_______制_______配合。

ϕ40H9/f9 是活塞（件3）与缸体（件1）的配合尺寸，该配合属于_______制________配合。

（6）端盖上的螺纹是___________螺纹。

（7）缸体（件1）上方 ϕ3 小孔的作用是 ______________。

（8）画出活塞（件3）的零件图，按1∶2的比例绘制，标注尺寸。

液压缸工作原理

当液体在外部压力下进入端盖（件7）底部空腔时，会产生向上的推力。若液体压力大于弹簧（件2）压力，活塞（件3）被向上推起；液体压力消除后，活塞在弹簧的压力下回落，退回到底部位置。

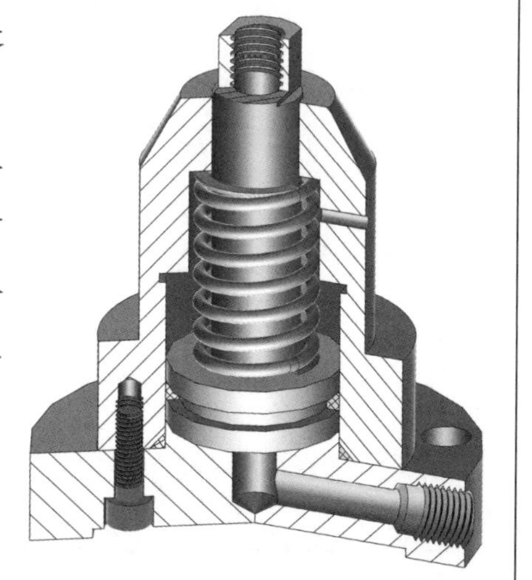

9-6-1 齿轮泵装配图。

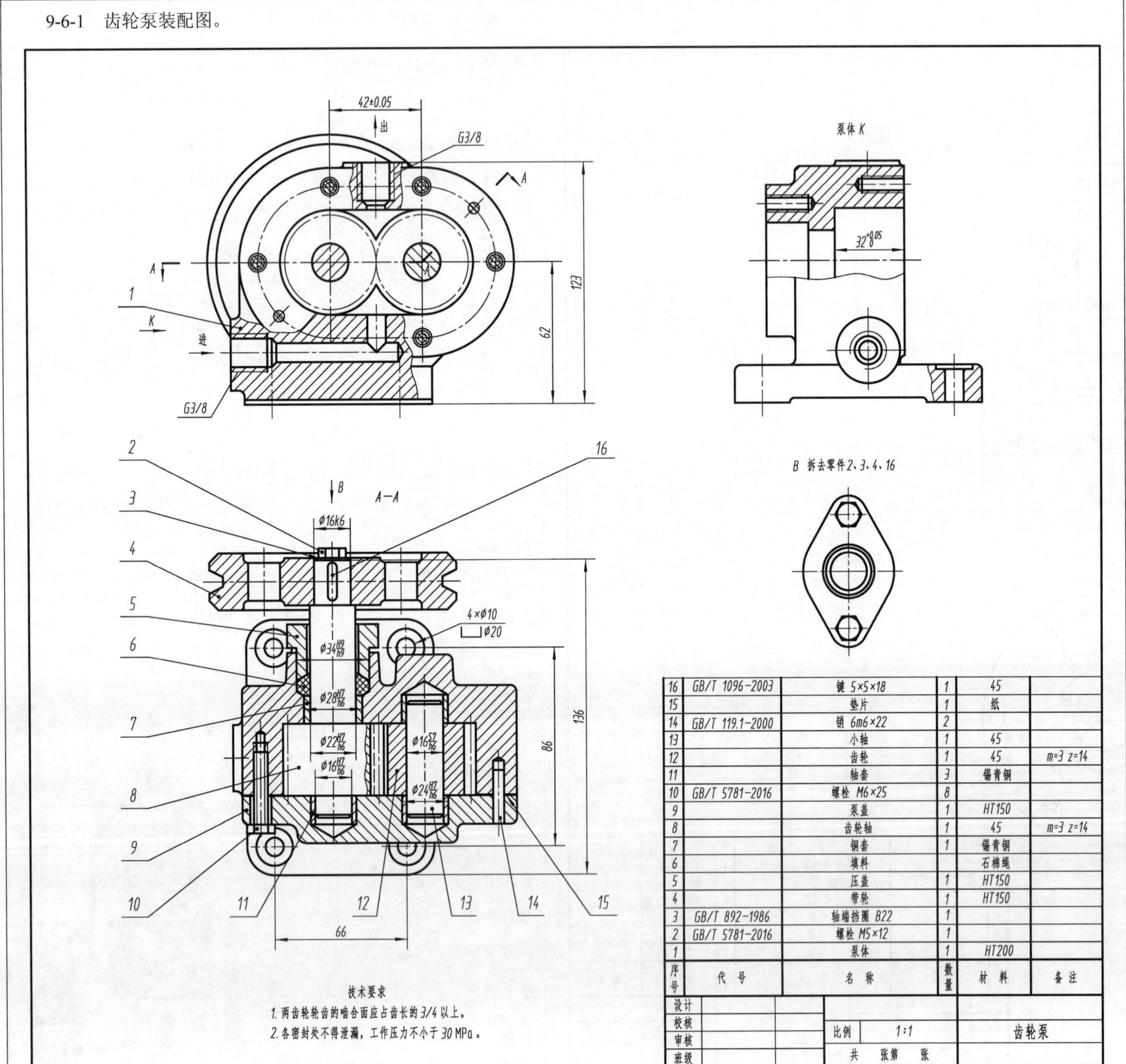

序号	代号	名称	数量	材料	备注
16	GB/T 1096-2003	键 5×5×18	1	45	
15		垫片	1	纸	
14	GB/T 119.1-2000	销 6m6×22	2		
13		小轴	1	45	
12		齿轮	1	45	m=3 z=14
11		轴套	3	锡青铜	
10	GB/T 5781-2016	螺栓 M6×25	8		
9		泵盖	1	HT150	
8		齿轮轴	1	45	m=3 z=14
7		铜套	1	锡青铜	
6		填料		石棉绳	
5		压盖	1	HT150	
4		带轮	1	HT150	
3	GB/T 892-1986	轴端挡圈 B22	1		
2	GB/T 5781-2016	螺栓 M5×12	1		
1		泵体	1	HT200	

设计				
校核		比例	1:1	齿轮泵
审核				
班级		共　张第　张		

9-6-2 阅读齿轮泵装配图，回答下列问题。

（1）主视图采用的是__________剖视图，俯视图采用的是____剖视图，A—A 是________________的剖切方法。

（2）齿轮泵有______标准件，______非标准件。

（3）齿轮泵在工作时，哪些零件是运动件？________________________________。

（4）齿轮泵在工作时，齿轮轴（件 8）_______转，小轴（件 13）及齿轮（件 12）_______转。提示：根据泵的进出口进行判断。

（5）件 5 与件 1 采用______联接。

（6）ϕ16S7/h6 的含义是：ϕ16________，S 表示__________，h 表示__________，7、6 表示________，该配合属于______制______配合。

（7）画出泵体（件 1）的俯视图（A—A 全剖视图），按图形大小 1：1 的比例量取，不注尺寸。

齿轮泵工作原理（参见教材图 9-9）

通过一对齿轮的啮合传动，将低压油转变为高压油，再通过管道将油输送到高处或远处。齿轮泵在工作时，由带轮（件 4）的旋转运动，通过键（件 16）的联结，传递给齿轮轴（件 8），再通过齿轮轴（件 8）与齿轮（件 12）的啮合传动，完成由低压油到高压油的工作过程。

第十章　AutoCAD Mechanical 基本操作及应用

10-1　抄画平面图形

班级　　　　　姓名　　　　　学号

10-1-1　按 1∶1 的比例抄画平面图形，不注尺寸。

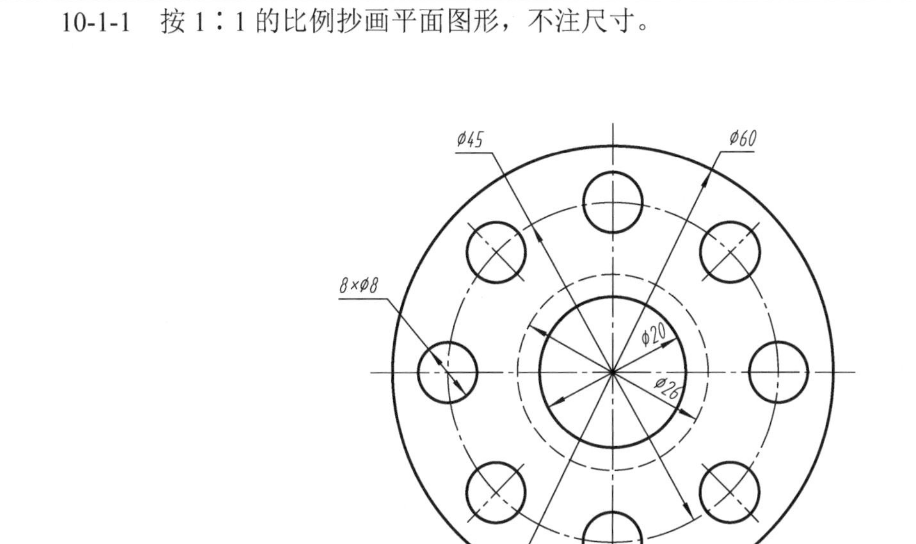

10-1-2　按 1∶2 的比例抄画平面图形，不注尺寸。

10-1-3　按 1∶1 的比例抄画平面图形，并标注尺寸。

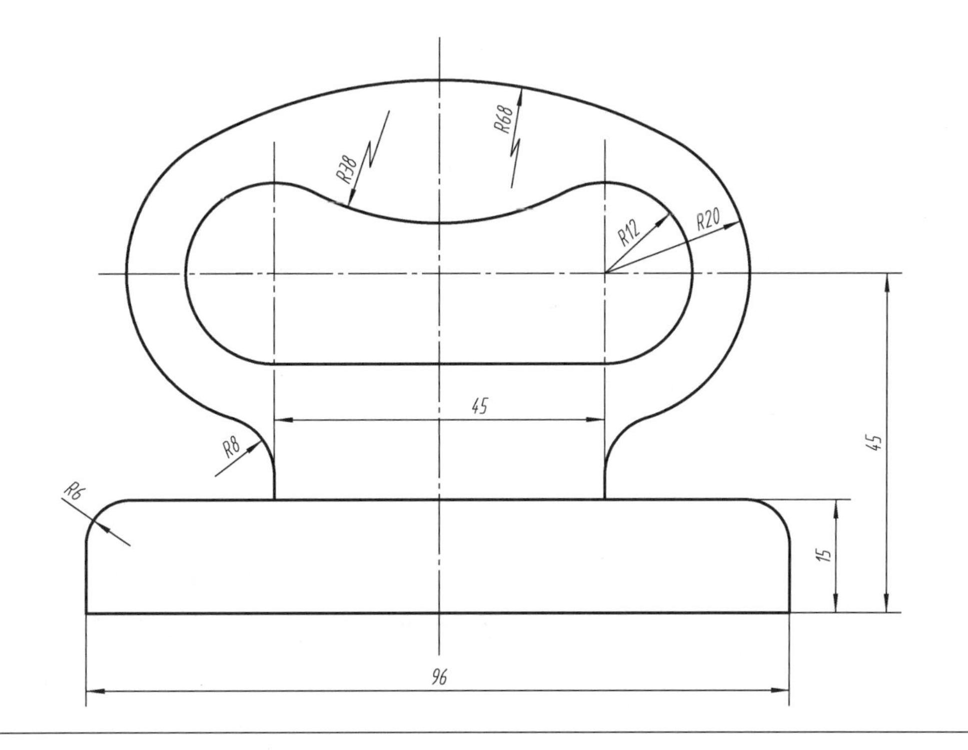

10-1-4　按 1∶2 的比例抄画平面图形，并标注尺寸。

10-2 绘制三视图；补画全剖的左视图；绘制等长双头螺柱联接图

班级　　　　姓名　　　　学号

10-2-1　由轴测图绘制三视图，不注尺寸。

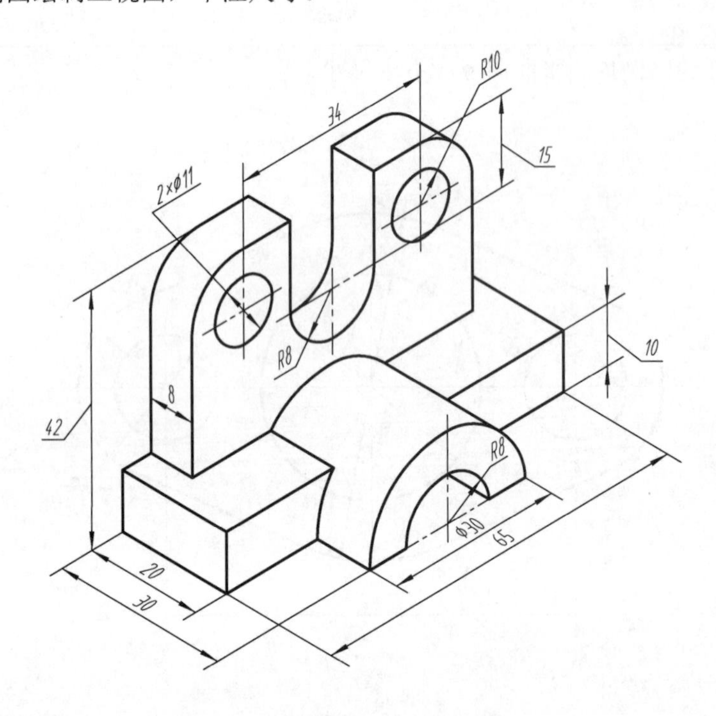

10-2-2　根据主、俯视图，补画全剖的左视图，不注尺寸。

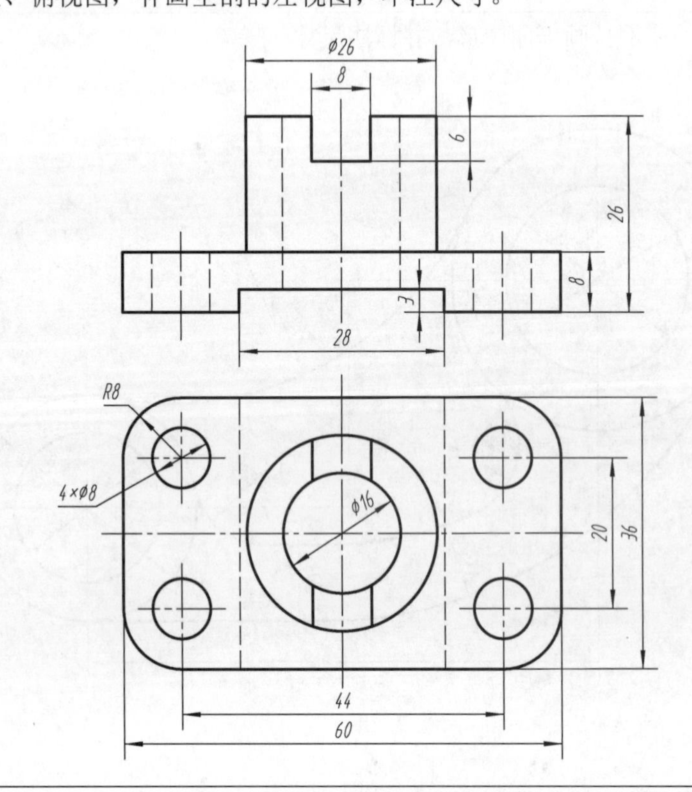

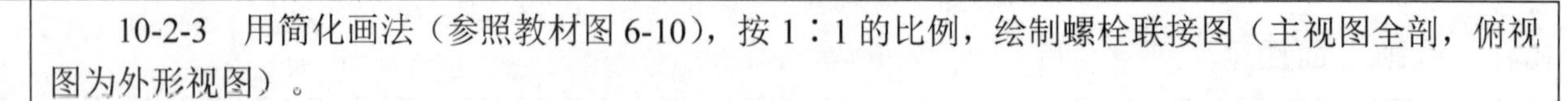

10-2-3　用简化画法（参照教材图6-10），按1∶1的比例，绘制螺栓联接图（主视图全剖，俯视图为外形视图）。

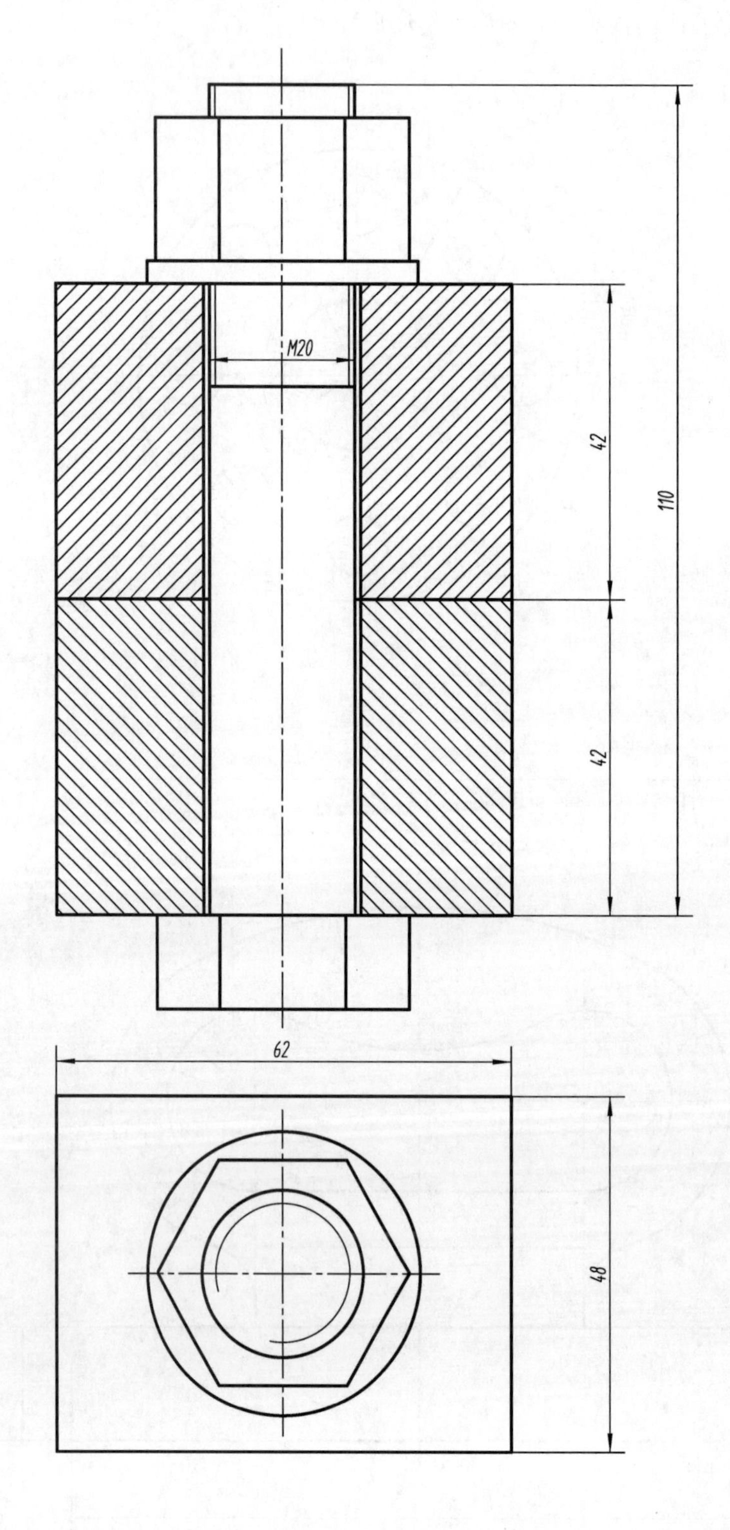

第十一章　Inventor 三维实体造型基础

11-1　根据轴测图（或主、俯视图）及所注尺寸，完成其三维实体造型

班级　　　　姓名　　　　学号

11-1-1　根据轴测图及所注尺寸，完成其三维实体造型。

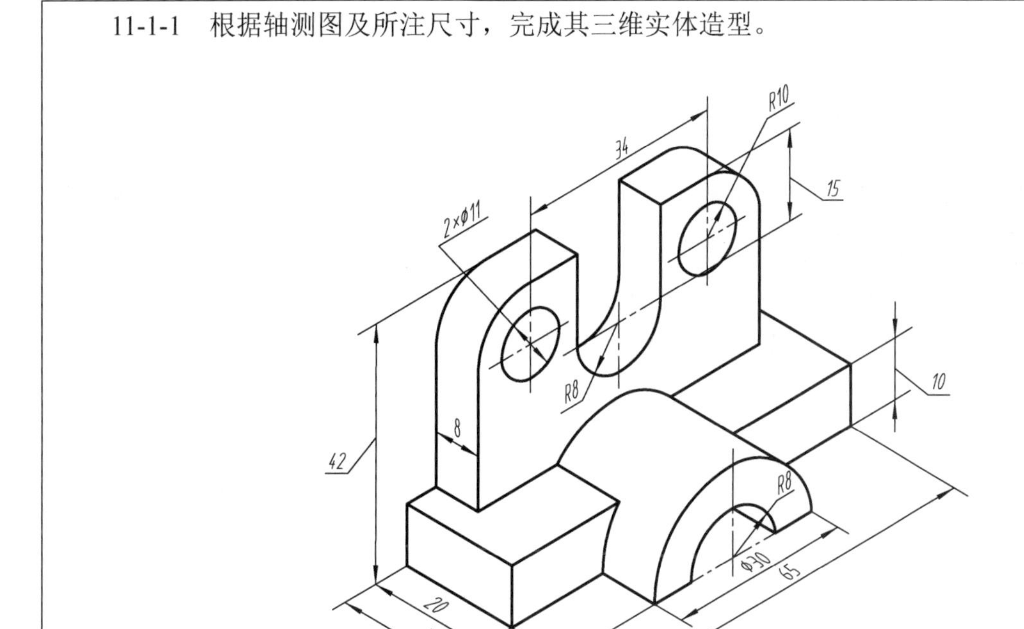

11-1-1 完成效果图。

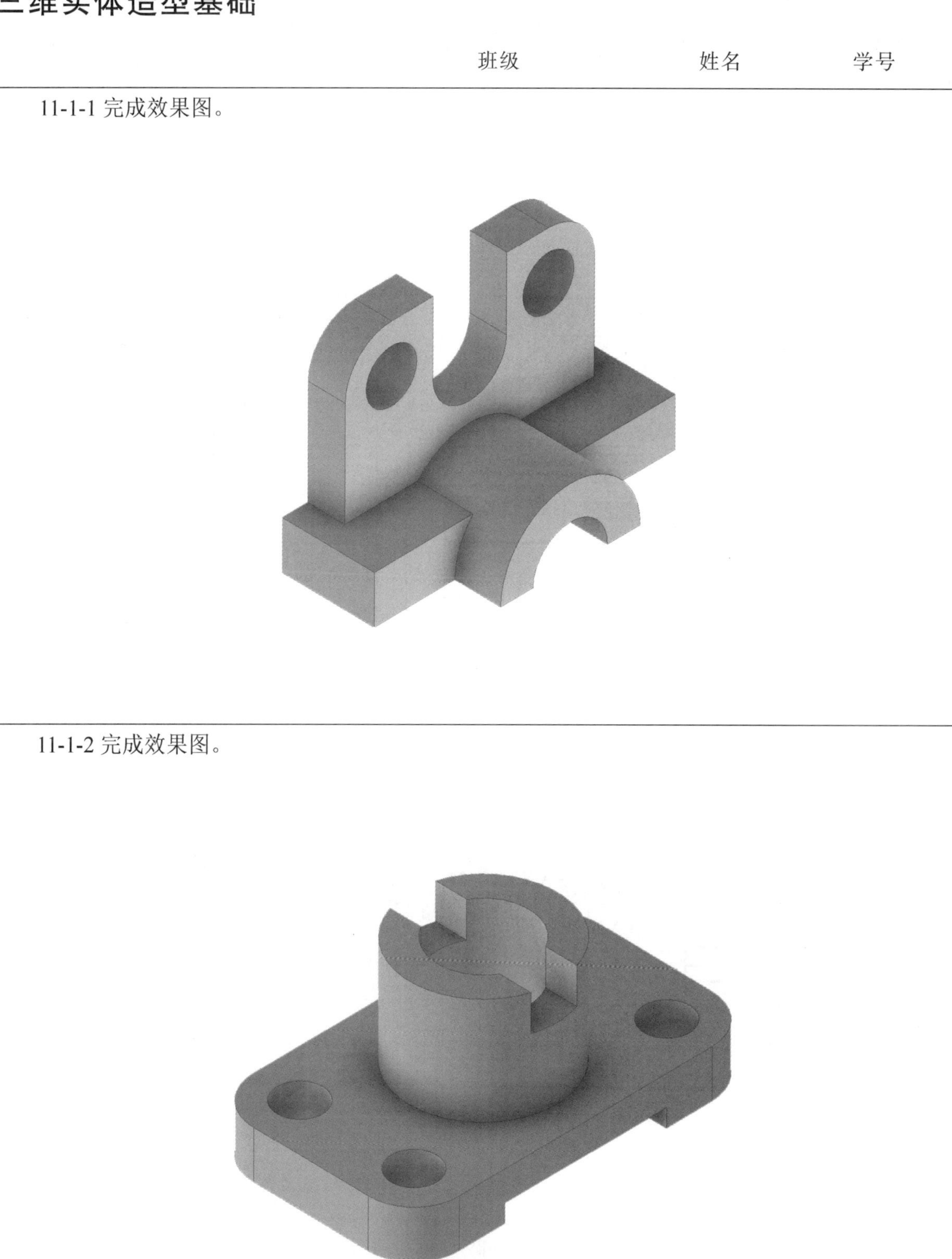

11-1-2　根据主、俯视图及所注尺寸，完成其三维实体造型。

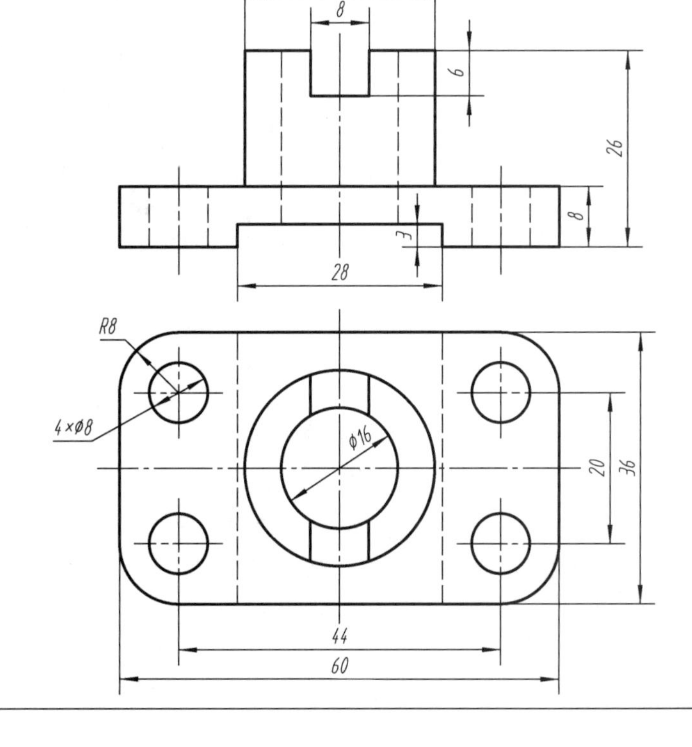

11-1-2 完成效果图。

11-2-1 根据底座二维图形，完成其三维实体造型。

11-2-1 完成效果图。

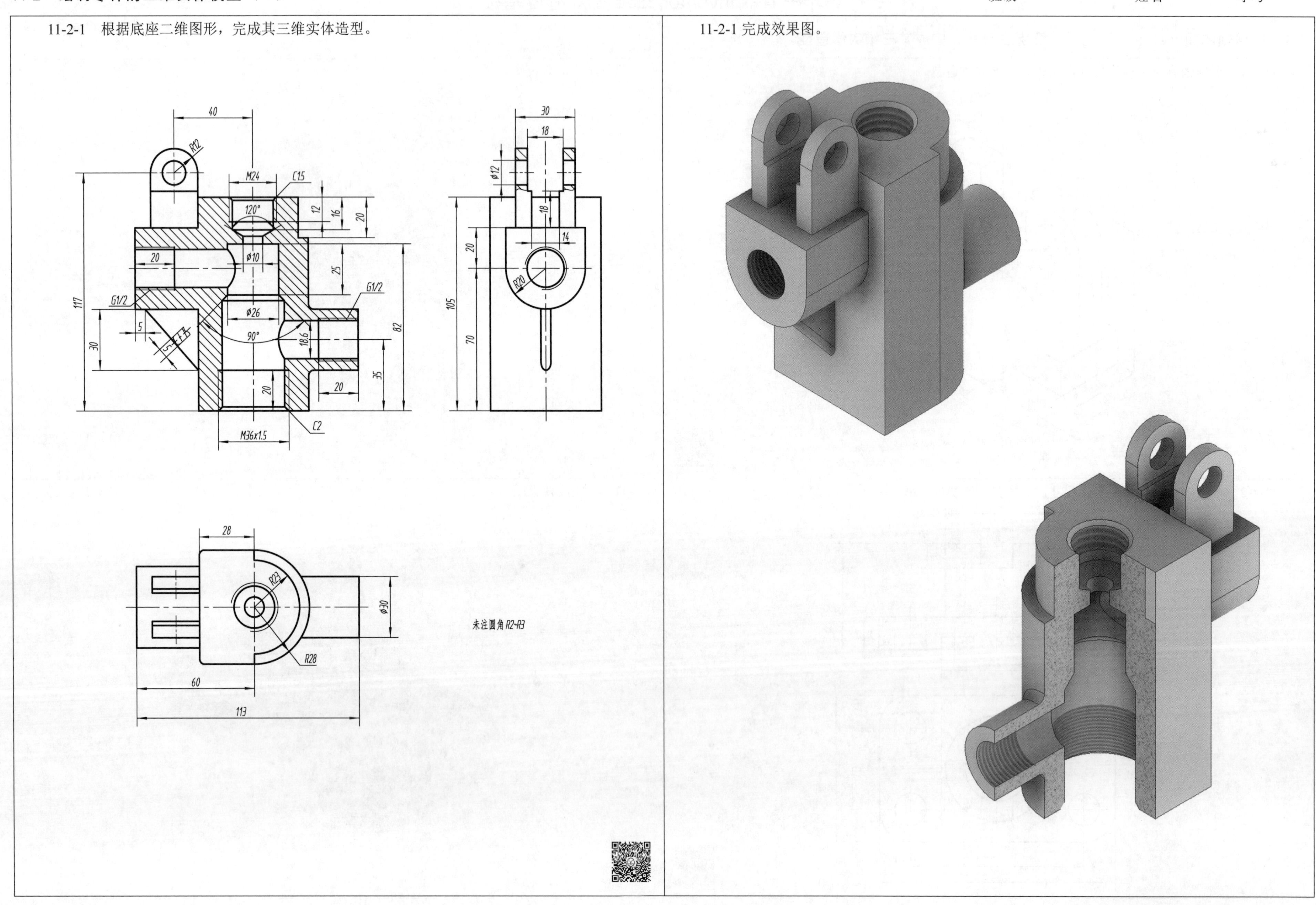

11-3-1 根据拨叉二维图形，完成其三维实体造型。

11-3-1 完成效果图。

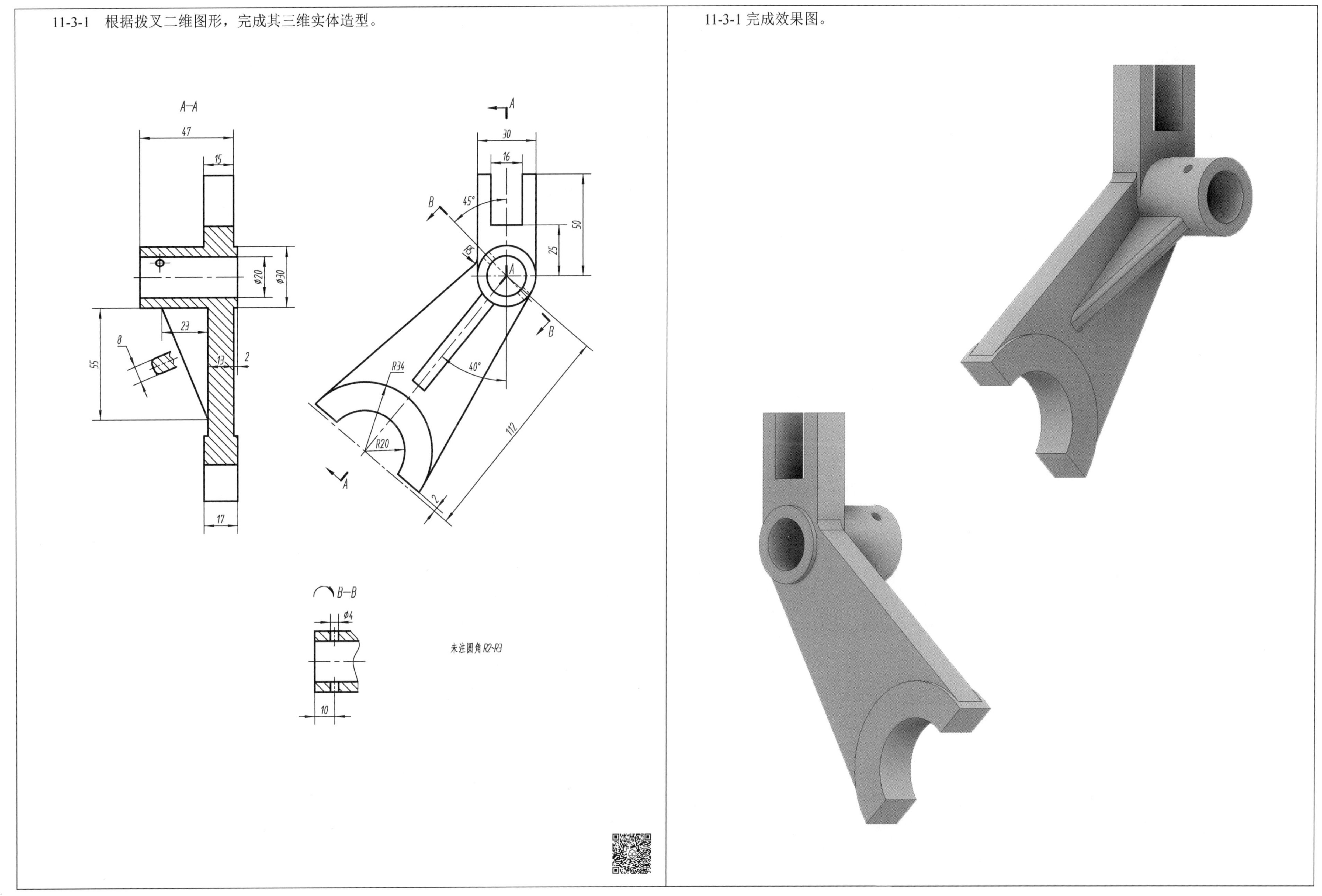

参 考 文 献

[1] 成大先．机械设计手册［M］．6版．北京：化学工业出版社，2017．

[2] 王槐德．机械制图新旧标准代换教程［M］．3版．北京：中国标准出版社，2017．

[3] 胡建生．机械制图习题集［M］．3版．北京：机械工业出版社，2024．

[4] 胡建生．工程制图与AutoCAD习题集［M］．3版．北京：机械工业出版社，2024．

[5] 单春阳，魏杰，胡仁喜．Autodesk Inventor Professional2022中文版标准实例教程［M］．北京：机械工业出版社，2023．